Fatiha Hamdi

Contribution à la synthèse d'observateurs pour les systèmes
hybrides

AF198524

Fatiha Hamdi

# Contribution à la synthèse d'observateurs pour les systèmes hybrides

## Observateur Hybride

Presses Académiques Francophones

**Impressum / Mentions légales**

Bibliografische Information der Deutschen Nationalbibliothek: Die Deutsche Nationalbibliothek verzeichnet diese Publikation in der Deutschen Nationalbibliografie; detaillierte bibliografische Daten sind im Internet über http://dnb.d-nb.de abrufbar. Alle in diesem Buch genannten Marken und Produktnamen unterliegen warenzeichen-, marken- oder patentrechtlichem Schutz bzw. sind Warenzeichen oder eingetragene Warenzeichen der jeweiligen Inhaber. Die Wiedergabe von Marken, Produktnamen, Gebrauchsnamen, Handelsnamen, Warenbezeichnungen u.s.w. in diesem Werk berechtigt auch ohne besondere Kennzeichnung nicht zu der Annahme, dass solche Namen im Sinne der Warenzeichen- und Markenschutzgesetzgebung als frei zu betrachten wären und daher von jedermann benutzt werden dürften.

Information bibliographique publiée par la Deutsche Nationalbibliothek: La Deutsche Nationalbibliothek inscrit cette publication à la Deutsche Nationalbibliografie; des données bibliographiques détaillées sont disponibles sur internet à l'adresse http://dnb.d-nb.de.
Toutes marques et noms de produits mentionnés dans ce livre demeurent sous la protection des marques, des marques déposées et des brevets, et sont des marques ou des marques déposées de leurs détenteurs respectifs. L'utilisation des marques, noms de produits, noms communs, noms commerciaux, descriptions de produits, etc, même sans qu'ils soient mentionnés de façon particulière dans ce livre ne signifie en aucune façon que ces noms peuvent être utilisés sans restriction à l'égard de la législation pour la protection des marques et des marques déposées et pourraient donc être utilisés par quiconque.

Coverbild / Photo de couverture: www.ingimage.com

Verlag / Editeur:
Presses Académiques Francophones
ist ein Imprint der / est une marque déposée de
AV Akademikerverlag GmbH & Co. KG
Heinrich-Böcking-Str. 6-8, 66121 Saarbrücken, Deutschland / Allemagne
Email: info@presses-academiques.com

Herstellung: siehe letzte Seite /
Impression: voir la dernière page
**ISBN: 978-3-8381-7845-5**

Copyright / Droit d'auteur © 2013 AV Akademikerverlag GmbH & Co. KG
Alle Rechte vorbehalten. / Tous droits réservés. Saarbrücken 2013

# *Sommaire*

## Chapitre 3   Synthèse d'observateur Hybride

## Chapitre 4   Stabilité et Stabilisation

3

# Introduction générale

En automatique, les systèmes physiques sont souvent décrits par un modèle continu ou bien par un modèle à événement discret. Or, les systèmes complexes sont souvent de nature hétérogène et ne peuvent pas être considérés comme continus ou discrets. Ce type de systèmes est présent dans la vie quotidienne et nous pouvons citer : le contrôle du trafic, les systèmes continus commandés par logique discrète, des usines chimiques avec des vannes et des pompes, le pilotage automatique des avions, etc....

Ainsi, le mixage de deux types de composantes de nature différente a donné une nouvelle catégorie de systèmes dynamique dite *"hybride"*. Cette dernière se caractérise par l'interaction de la partie continue décrite par les équations différentielles et de la partie discrète, représentée par les automates à états finis ou des réseaux de Petri.

La maîtrise du comportement des systèmes dynamiques hybrides (SDH) nécessite la connaissance des variables d'états continus, des modes du système ainsi que des informations sur les événements qui orchestrent les transitions. Or, il est souvent que des contraintes physiques et/ou économiques empêchent la mesure directe de l'état d'un SDH ainsi que celle des instants de passage d'un mode à un autre. Le recours à des observateurs permettant d'estimer les états continus et discrets du SDH est dans ce cas la solution classiquement préconisée.

Ainsi, cette thèse se focalise sur le problème de l'estimation de l'état pour une large classe de systèmes hybrides. Ceci est motivé par le fait que l'estimation de l'état est une étape importante, même indispensable pour la synthèse de lois de commande, pour le diagnostic ou la supervision des systèmes industriels. Par ailleurs, cette thèse adopte une approche de synthèse basée sur l'utilisation d'un formalisme hybride dès la phase de modélisation.

En effet, le choix d'un modèle « simple » reproduisant parfaitement le comportement d'un système est une tâche très difficile particulièrement quand il s'agit d'un système combinant deux aspects de natures différentes.

A nos jours, il existe dans la littérature principalement deux formalismes permettant la modélisation de l'aspect hybride : les *automates hybrides* [Henzenger, 1996] ou bien par les *réseaux de Petri hybrides* [David, 2001]. D'une manière informelle et générale, un *automate*

4

*hybride* est l'association d'un automate d'états finis et un ensemble d'équations dynamiques continues pilotées par ce dernier. Les équations modélisant le comportement continu à un instant donné dépendent de l'état de l'automate, ce dernier pouvant évoluer en fonction des valeurs des grandeurs continues.

Toutefois, l'utilisation de ce formalisme est limitée par la taille du modèle qu'il engendre (explosion combinatoire du nombre d'états du graphe). D'où le besoin de disposer de mécanismes de structurations plus puissants comme les *réseaux de Petri*. Ces derniers sont largement utilisés dans la modélisation des systèmes à événements discrets et dans les études de sûreté de fonctionnement des systèmes dynamiques. Ils se caractérisent par une évolution asynchrone dans laquelle les transitions des composantes parallèles sont franchies les unes après les autres, et par une représentation explicite des synchronisations et des mécanismes d'allocation de ressources. Ces caractéristiques sont très intéressantes pour modéliser les aspects événementiels des systèmes hybrides. Ainsi, cette thèse s'intéresse à l'utilisation d'une classe particulière de réseaux de Petri lors de la phase de modélisation.

Une fois, le formalisme de modélisation est choisi, nous nous basons sur son exploitation pour la synthèse d'observateurs hybrides ayant une structure originale. Cette dernière est composée d'un observateur discret et un observateur continu en interaction. Le rôle du premier est d'estimer la composante discrète du système hybride. Quant au second, il estime la composante continue.

Ainsi, ce manuscrit sera débuté par un chapitre introductif sur les SDH et les contributions de ce travail seront résumées dans trois chapitres. L'ensemble est organisé comme suit :

**Chapitre 1**

Dans le premier chapitre, nous présenterons la notion des systèmes dynamiques hybrides allant de la définition de ces derniers à la description et la classification des aspects hybrides. Par la suite, nous entamerons les concepts de modélisations et nous discuterons des conditions classiques de stabilité des SDH. Notons que ce chapitre ambitionne, d'une part, à présenter les outils facilitant la lecture des chapitres et d'autre part à justifier le choix des *Réseaux de Petri Différentiels* comme outil de modélisation.

**Chapitre 2**

Ce chapitre sera consacré à la présentation de l'outil de modélisation adopté et à la présentation de nos contributions de modélisation de quelques classes de SDH par *Réseaux de Petri*

*Différentiels*. Ainsi, nous présenterons la méthodologie de la modélisation des systèmes à commutations dépendant de l'état, du temps, ainsi que de la conjugaison du temps et de l'état. Nous aborderons ensuite la modélisation des systèmes hybrides Piecewise par cet outil et nous discuterons du cas des SDH non autonomes.

## Chapitre 3

Le noyau de notre travail sera conçu autour des deux dernières parties du manuscrit (troisième et quatrième chapitre). Dans cette partie, nous aborderons le problème de la synthèse d'observateurs hybrides, dont le modèle discret est basé sur les réseaux de Petri et l'évolution des variables continues pendant chaque configuration est un système d'équations différentielles algébriques. Une présentation des approches proposées dans ce contexte permettra d'établir un bilan sur les travaux existants dans la littérature. Par la suite, nous entamerons les stratégies de synthèse que nous proposerons. Nous déterminerons également la preuve de convergence pour chaque cas abordé et nous formulerons l'ensemble de contraintes sous forme d'inégalités matricielles linéaires (LMI).

## Chapitre 4

La dernière partie du manuscrit présente la continuité du chapitre précédent. Dans ce dernier chapitre, nous aborderons le problème de la stabilité et la stabilisation des SDH dans le contexte de l'estimation d'état hybride. En effet, nous considérerons l'estimation de l'état hybride selon deux aspects : la première porte sur le temps de séjour et le deuxième sur la recherche d'une loi de commande stabilisant le système hybride en boucle fermé.

## Chapitre 1

# Introduction à la théorie des systèmes dynamiques hybrides (SDH)

## Introduction

Les progrès technologiques liés à l'automatisation et à l'informatisation ont largement contribué à la croissance de la complexité des systèmes et des processus industriels. En effet, l'absence de plus en plus, de l'intervention humaine et l'introduction de l'informatique industrielle dans l'industrie ont imposé de nouvelles méthodologies dans le développement et la conception des systèmes complexes en particulier sur le plan de la supervision, de la commande et de la surveillance.

Du point de vue de l'automaticien, la plupart de ces processus présentent une évolution à la fois continue et évènementielle. Avec de telles structures, la dynamique de ces derniers nécessite de plus en plus des outils qui tiennent compte de l'ensemble des dynamiques, ce que les approches classiques ne peuvent pas. En effet, la séparation des systèmes à évènement discret (SED) et des systèmes continus (SC) et le traitement de chaque type à part peuvent engendrer d'une part des simplifications significatives mais aussi de nouvelles problématiques de modélisation, d'identification, d'analyse et de synthèse de commande....

Ainsi, il vient qu'une description adéquate de l'évolution réelle des systèmes complexes par la prise en considération simultanément des deux visions s'impose. De ce fait, le couplage de l'aspect continu avec l'aspect discret nous oriente vers de nouveaux concepts et de nouvelles approches par l'intégration des méthodologies des deux théories dans une nouvelle classe de système nommée *"système hybride"*.

En effet, le formalisme hybride peut être vu sous deux angles distincts :
- L'aspect de la commande hybride.
- L'aspect hybride hétérogène.

7

La Figure.1 illustre le principe du premier aspect que l'on peut résumer à une commande d'un processus continue via un contrôleur discret de type automate à état fini ou de réseaux de Petri. De nos jours, plusieurs applications dans l'industrie se basent sur ce type de structures tel que le domaine du génie des procédés [Lennartson, 96] [Schild, 2007]. Nous pouvons également citer l'exemple de l'oscillateur harmonique où le problème de la stabilisation a été contourné par l'utilisation d'un retour de sortie avec une dynamique discrète décrite par un automate à état fini [Artstein, 96].

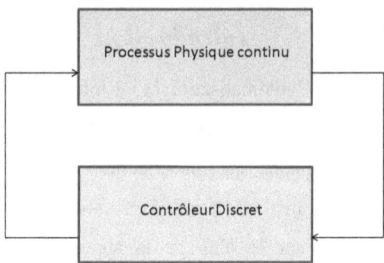

**Figue. 1. Aspect de la commande hybride**

Le second aspect que nous avons cité constitue le comportement naturel des processus complexes Figure.2 i.e. certains présentent des commutations entre différentes dynamiques, que ce soit par inhérence à la physique du système (telles les réactions entre composants au cours d'un procède chimique, les collisions de deux particules ou le cas des robots marcheurs ou suite à l'intervention d'un operateur, qui peut provoquer une commutation (un automobiliste et sa boite de vitesse).

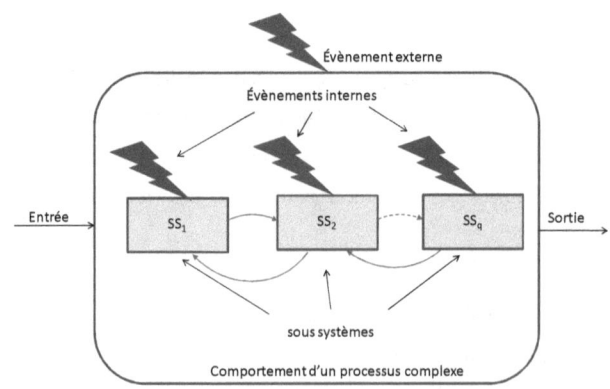

**Figure.2. Système hybride hétérogène**

On peut se rendre compte rapidement que, dans le cas des quelques exemples cités précédemment, une modélisation adéquate s'impose de prime abord pour résoudre les problématiques dues à l'insuffisance des méthodes conventionnelles pour répondre aux exigences technologique. L'émergence de cette nouvelle façon de considérer les systèmes complexes depuis moins d'une vingtaine d'année a entrainé un développement rapide de la théorie des systèmes hybrides.

Aussi, dans ce chapitre introductif, nous nous consacrerons, dans un premier temps, à présenter les systèmes hybrides et à revenir sur la définition de ces derniers. Par la suite, nous abordons par un tour d'horizon les problématiques liés à ce type de systèmes. Dans ce contexte, nous ferons un bref aperçu sur la panoplie de résultats et d'outils de modélisation de la littérature, dans le but d'argumenter le choix du modèle considéré dans notre travail.

## 1.2. Présentation des systèmes dynamiques Hybrides

Dans la suite de ce chapitre, nous présentons un ensemble de définitions et de concept des systèmes dynamiques hybrides nécessaires pour faciliter au lecteur initié ou pas la prise en main des travaux présentés tout au long de ce travail.

### 1.2.1. Notion de modèle

D'une manière générale, un modèle est caractérisé par la nature de ces variables d'état. En fonction des caractéristiques de ses paramètres, ces dernières sont généralement présentées soit par des variables d'état continues (et/ou échantillonnées), soit par des variables d'état discrètes (évènementielles). À partir de là, nous pouvons situer le concept hybride des systèmes.

Pour ce faire, considérons le schéma de la Figure.3, à travers lequel nous spécifions les notions de base suivantes :

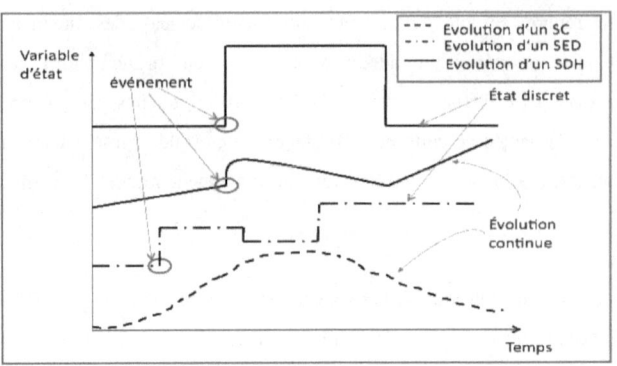

**Figure.3. Evolution d'un système dynamique selon sa nature**

♦ Un modèle continu est un modèle pour lequel les variables d'état sont considérées comme des fonctions continues et dérivables en fonction du temps. Une telle variable d'état présente une trajectoire continue en fonction du temps. Ainsi, le modèle correspondant exprime le taux de progression de l'état du système en fonction du temps. Nous considérerons les systèmes dits échantillonnés dans cette même classe de systèmes.

♦ Un modèle à évènement discret est un modèle pour lequel les variables d'états (événements) prennent leurs valeurs sur un ensemble fini (sous ensemble des réels). Il s'agit en quelque sorte d'une abstraction de type logique. L'état du système change dès l'apparition d'un événement instantané et demeure constant durant l'intervalle de temps séparant deux événements consécutifs. Ainsi, le modèle est caractérisé par des transitions d'état instantanées et le temps évolue en fonction de la date des prochaines transitions. Cette évolution correspond dans la plupart des cas à l'état ouvert ou fermé (marche ou arrêt).

♦ Un modèle hybride regroupe les deux précédents modèles. Il présente des phases et des séquences décrivant les modes ou bien les différentes tâches et activités du système. Chaque phase est décrite par une évolution continue. Ainsi, un modèle hybride est caractérisé à la fois par une évolution continue et évènementielle.

### 1.2.2. Définition

*Les systèmes dynamiques faisant intervenir explicitement et simultanément des phénomènes ou des modèles de type dynamique continue et événementielle sont appelés les Systèmes Dynamiques Hybrides (SDH).*

Ainsi, un SDH est un système dynamique qui évolue selon une série de modes dynamiques. La succession des modes est régie par des conditions liées à la fois de la progression continue et discrète. Les conditions de transitions sont formées par un ensemble de contraintes égalités et un domaine d'admissibilité (décrit par des contraintes inégalités). Afin d'illustrer nos propos, considérons l'exemple physique suivant.

**Exemple.1.1**

Considérons le cas des processus batch. L'évolution de ces systèmes est décrite par un ensemble d'entité définissant les tâches à réaliser [Champagnat et *al*, 98a]. De ce fait, l'ensemble des tâches est associé à des variables d'états continues décrivant l'évolution des phénomènes physiques correspondant. Afin d'illustrer la notion de SDH, considérons seulement la partie réservoir du système.

La Figure. 4 décrit la structure du système composé d'un réservoir et de deux vannes tout ou rien notées $v_e$ et $v_s$. Le réservoir est décrit par son volume $V$ qui varie entre deux valeurs minimale et maximale $V_{max}$ et $V_{min}$. Notons que le réservoir est alimenté avec un débit $d_e$.

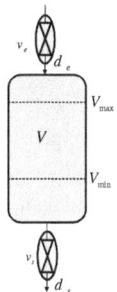

**Figure. 4. Exemple du réservoir**

L'évolution du niveau de liquide est régit par l'équation différentielle suivantes :

11

$$\frac{dV}{dt} = |d| \qquad\qquad (1.1)$$

avec $d = d_e - d_s$, $d_e$ est le débit d'entrée et $d_s$ est le débit de sortie.

Nous constatons que la variation du volume par rapport au temps est égale à plus ou moins le débit $d$. L'alternance entre $\pm d$ est en lien directe avec l'état du réservoir, i.e. selon que l'on remplisse ou que l'on vide. De ce fait, la prise en compte de ces situations devient impérativement obligatoire. Par conséquent, elles peuvent être exprimées par trois modes :

mode remplissage correspond à l'évolution $\dot{V} = d$, mode vidange décrit la variation $\dot{V} = -d$, et mode repos $\dot{V} = 0$.

Notons que l'évolution des phases de remplissage, vidange et repos sont liée à l'ouverture et à la fermeture des vannes associées au réservoir. Ces actions (ouverture et fermeture) sont provoquées par un ensemble fini d'événements internes. Ainsi, l'analyse du système réservoir indique que le modèle du système est décrit par :

1. La variable d'état continue décrite par le volume du liquide dans le réservoir.
2. Les variables d'états discrètes décrites par les différentes phases que peut avoir le réservoir (remplissage, vidange et repos).

Sous ces contraintes, la modification de l'état discret du système est liée aux valeurs limites de sa variable d'état continue. Par conséquent, l'intégration de ces conditions aux modèles discret et continu nous permet d'obtenir les expressions décrivant l'évolution du système réservoir :

Mode remplissage $\dot{V} = d$ si $V \leq V_{min}$

Mode vidange $\dot{V} = -d$ si $V \leq V_{max}$

Mode repos $\dot{V} = 0$ correspond à une valeur du volume constante.

Finalement, la partie discrète pilote le système d'équations (elle détermine quelles sont les équations actives), alors que le système d'équations contrôle l'évolution de la partie discrète. C'est en effet ce dernier qui permet de connaître les dates de franchissement des transitions. Nous avons donc deux parties distinctes en communications. A partir de cette illustration, nous pouvons exprimer la structure générale d'un SDH qui sera donnée dans le paragraphe suivant.

### 1.2.2. Structure d'un système hybride

Un SDH est un système dynamique composé de l'interaction d'une partie évènementielle et d'une partie continue. Les deux composantes continue et discrète d'un SDH sont interconnectées avec une loi qui orchestre cette interconnexion (voir Figure.5) [Antsaklis, 2000].

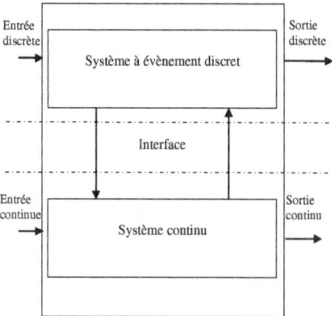

**Figure.5. Structure d'un système hybride**

- La partie « Système à Evénements Discrets » (SED) représente l'état discret du SDH. Son évolution est gouvernée par l'occurrence d'événements tels que l'opération d'usinage sur une pièce, l'instruction traitée par un processeur, un interrupteur ouvert ou fermé .... D'habitude, les SED sont classiquement représentés par l'algèbre de Boole combinée à des formalismes états transitions décrits par les modèles usuels tels que les automates à états finis [Ramadge, 87] [Cassandras, 2008] ou bien les réseaux de Petri [Alla et *al*, 2004] [Zhou, 2007].

- La partie continue symbolise l'environnement physique dans lequel évolue le système. Elle est constituée d'une infinité de valeurs décrivant le comportement d'un phénomène physique tel que la température d'une pièce ou d'un objet, la vitesse d'un mobile, le niveau dans un réservoir..... L'étude de ces systèmes fait appel à des outils mathématiques capables de représenter la dynamique continue: équations différentielles, inclusions différentielles, méthodes d'état à forme matricielle....

- L'interface ou bien l'interaction exprime la relation liant la partie discrète à la partie continue et vice versa. Le rôle de cette partie est de fournir des informations à la partie discrète respectivement à la partie continue sur l'évolution continue ou discrète. Sous l'effet d'un évènement interne ou bien d'un évènement externe, le système peut changer de configuration ou de mode.

De ce fait, les interactions entre les deux modèles se font par l'intermédiaire des évènements. Au niveau de la partie discrète, un événement correspond à un franchissement de transition. Alors qu'au niveau des systèmes continus, il s'agit d'un dépassement de seuil d'une variable continue. Une transition d'un mode vers un autre mode a lieu lorsque certaines conditions logiques sont vérifiées. Ainsi, selon le type de l'évènement, Branicky [Branicky, 96] a proposé une classification des comportements hybrides sous une formulation unitaire du concept hybride et que fera l'objectif du paragraphe suivant.

### 1.2.3. Classification du comportement Hybride

De façon générale, un système hybride peut être décrit par le système d'équation (1.2).

$$
\begin{aligned}
\dot{x}(t) &= f\left(x(t), q(t), u(t)\right) \\
q^{+}(t) &= g\left(x(t), q(t), u_d(t)\right)
\end{aligned}
\tag{1.2}
$$

L'état continu $x \in \mathfrak{R}^n$, le vecteur commande continu $u \in \mathfrak{R}^p$ l'état discret $q \in Q \subset \mathrm{N}$ et la commande discrète également $u_d \in Q \subset \mathrm{N}$.

Rappelons que le passage d'un mode $q$ à un mode successeur $q^+$ correspond à un changement de l'état discret qui engendre soit une commutation exprimée par une modification du modèle d'état continu, soit un saut défini par une discontinuité au niveau du modèle d'état continu. Ainsi, comme l'illustre la Figure.6, la transition exprime le basculement d'un mode à un autre. Elle apparaît si et seulement si la variable d'état continue satisfait certaines conditions. Par conséquent, il existe deux domaines ou régions caractérisant une transition [Branicky, 96].

- Domaine de départ : c'est un domaine de l'espace d'état continu. Il correspond à l'ensemble de départ de la transition du mode discret $q_i$ vers un autre mode $q_j$. Ce domaine représente l'ensemble des valeurs de l'état continu entrainant une transition vers un nouveau mode discret.

- Domaine d'arrivée: Ce domaine correspond à l'ensemble des valeurs continues que peut prendre l'état continu lors du changement d'un état prédécesseur.

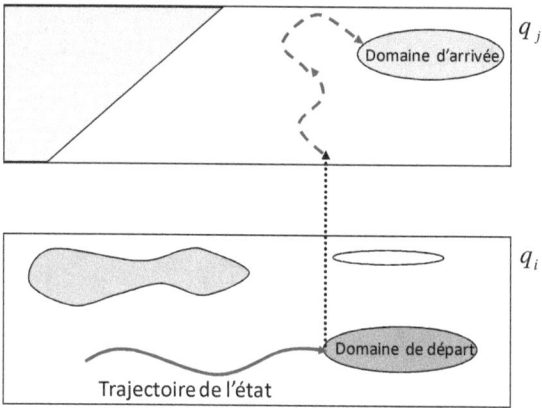

**Figure.6. Transition de l'état Hybride**

Ainsi, nous pouvons distinguer plusieurs formes de comportement hybride. Leur définition repose sur la notion de changement brusque ou instantané de l'état ou du modèle. Ces changements peuvent être autonomes ou contrôlés. Le changement autonome résulte d'une évolution interne du système, alors que le changement contrôlé est dû à une action extérieure. Une classification des comportements hybrides selon les sauts et les commutations est donnée par [Branicky, 96] comme suit :

### *1.2.3.1. Commutations autonomes :*

Ce type de comportement est la conséquence de l'évolution de la variable d'état continue. Ainsi, une commutation autonome est caractérisée par un changement discontinu du champ de vecteur lorsque l'état atteint certains seuils. La Figure.7 illustre que le système change de dynamique dès que la variable d'état atteint une valeur donnée dans l'espace d'état. De ce fait, la représentation d'état (1.2) s'écrit:

$$\dot{x}(t) = f\left(x(t), q(t)\right)$$
$$q^{+}(t) = g\left(x(t), q(t)\right)$$

$$(1.3)$$

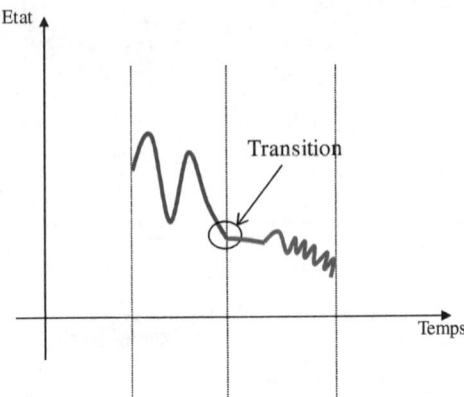

**Figure.7. Commutation autonome**

Plusieurs exemples dans la littérature présentent ce type de comportement. Nous citerons le cas d'un circuit électrique contenant une diode. Ainsi, un changement de configuration aura lieu quand la tension aux bornes de la diode sera inférieure ou supérieure à la tension du seuil de cette dernière.

### *1.2.3.2. Commutations contrôlées:*

Il s'agit de transitions provoquées par une commande ou dues à une modification de l'environnement, donc à une action extérieure au système considéré. C'est le cas d'une transmission manuelle ou du système à réservoir de l'exemple 1 de la section 1.2.2 lors du passage de l'état ''vidange'' à l'état ''remplissage'' après action sur les vannes. Cette dernière affecte le vecteur champ du système d'une façon instantanée. Ainsi, la représentation d'état du SDH s'écrit :

$$\dot{x}(t) = f\left(x(t), q(t)u(t),\right)$$
$$q^{+}(t) = g\left(t, x(t), q(t), u_{d}\right) \tag{1.4}$$

### *1.2.3.3. Sauts autonomes:*

La transition subit un saut de type autonome quant la variable d'état atteint une certaine région de l'espace d'état. Il effectue un saut; i.e. il passe de façon discontinue de sa valeur courante à une autre. C'est le cas par exemple lors de la collision entre deux corps où la vitesse change de signe brutalement et subit un saut (balle qui rebondit). Notons que ce type de phénomènes est

16

généralement engendré par une approximation lors de la modélisation qui suppose que certains phénomènes sont infiniment rapides. Il se traduit par une discontinuité de la valeur courante à une autre valeur (Figure.8).

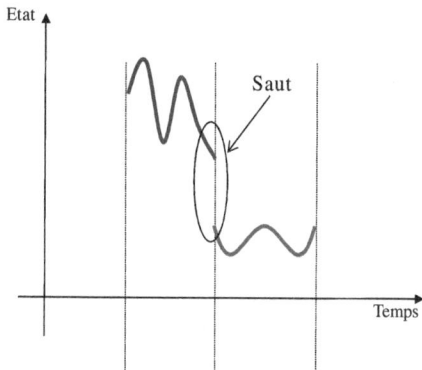

**Figure.8. Saut autonome**

**1.2.3.4.** *Sauts contrôlés :*

Ce comportement est exprimé par un changement de l'état sous l'effet d'une commande. La réponse du système se fait d'une façon discontinue. C'est le cas d'un modèle de stock où on dépose les quantités $a_1$, $a_2$, ... de matière aux instants $t_1 < t_2 < ...$

En conclusion, quelque soit la nature de l'événement provoquant la transition entre les sous systèmes, les difficultés liées à l'intégration des deux aspects (continue et discret) ont conduit les scientifiques à mener des recherches dans plusieurs domaines de manière à répondre aux besoins et aux exigences des systèmes réels, complexes et industriels.

## *1.3. Bref aperçu sur les travaux autour des SDH*

Une présentation exhaustive de l'ensemble des travaux constitue un travail conséquent. Cela donne une idée sur l'intérêt des chercheurs et la prolifération des résultats dans le domaine des systèmes hybrides. Aussi, nous nous limiterons à donner un aperçu sur les différents travaux. Le lecteur pourra se faire sa propre opinion en consultant en détails la bibliographie très riche dans le domaine et selon ses centres d'intérêt. Il aurait été très long de détailler et de dénombrer les différentes études effectuées sur les SDH

Une approche complètement unifiée pour l'étude des systèmes hybrides étant encore prématuré. La plupart des travaux ont d'abord eu comme démarche d'adapter les outils du continue et de l'évènementiel pour l'étude des SDH. Nous pouvons citer les travaux menés dans les domaines de la modélisation [Tavernini, 87] [Stiver, 92] [Buisson, 94] [Tittus, 95] [Branicky,96] [Mosterman, 2000] [Lygeros et *al*, 2003] [De Schutter et *al*, 2003], de l'analyse [Asarin, 2004] [Asarin, 2007] [Aswani, 2007], de la stabilité [Branicky, 93] [De carlos,2000] [Goebel, 2004] [Sella, 2007] [De la Sen, 2008] [Hien, 2009] [Hai, 2009] [De la Sen, 2009], d'observabilité [Bemporad, 2000] [De sentis, 2003] [Vidal, 2003] [Collins, 2004] [Babaali, 2004] [Chaib, 2006] [De Santi, 2006] [De sentis, 2006], de la commande [Titus, 94] [Borrelli, 2003] [Sun, 2005] [Xie et *al*, 2005] [Iung, 2006] [Xie et *al*, 2009], d'observateurs, [Balluchi et *al*, 2001] [Juloski, 2003a] [Petterson, 2005] [Saadaoui, et *al*, 2006a] [Barbot, 2007] [Hwang,. et *al*, 2006]. Pour plus de détail nous invitons le lecteur de consulter [Antsaklis, 2002] [Goebel et *al*, 2009] où les auteurs ont présenté un manuel de base contenant certaines études menées sur ces systèmes.

Dans ce contexte et dans cette partie, nous allons nous restreindre qu'aux études liées aux problématiques de notre travail à savoir l'estimation de l'état hybride pour une large classe des SDH.

### *1.3.1    Modélisation des systèmes hybrides*

Les résultats obtenus autour de la modélisation de tels systèmes sont nombreux. Chacune des approches développées est spécifique et dépende souvent du type de la classe des SDH considérés et parfois même de l'application mise en œuvre [Pettersson, 95] [Kurovsky, 2002] [Paruchuri, 2005] [Tolba, 2008]. D'une façon générale, quelque soit le formalisme adopté, la différence réside dans la structure de la loi de commutation. Cette différence n'est pas de nature conceptuelle mais plutôt, due à la grande diversité des classes des systèmes hybrides. Ainsi, les modèle proposés sont souvent une extension des modèles existants [Zaytoon, 2001] qu'ils soient continus [Mosterman, 97] [Mosterman, 2002] ou discrets [Alur, 99] [Chouikha, 98] [David, 2001], au cas mixte [Champagnat, 97] [Villani et *al*, 2005] [Villani et *al*, 2007].

Il est bien évident que le formalisme mixte semble le plus précis dans l'interprétation du comportement hybride. En effet, ce dernier combine les modèles discrets et continus dans une même représentation. Chacune des deux parties (continue et discrète) est représentée de façon rigoureuse et explicite et leur interaction est traitée au sein de l'interface qui les relie. D'après la littérature, l'approche mixte se base sur deux aspects :

1. Le premier aspect prend en charge l'aspect hybride sous plusieurs formes : la première forme se voit dans l'extension de l'automate à état finis en automate hybride [HenZenger, 96] [Goebel et *al*, 2009]. La deuxième forme se base sur l'extension des réseaux de Petri [Demongodin et *al*, 96], [Koustoukous, 98], [Valantin, 99] et [Ramirez et *al*, 2000].
2. Le deuxième aspect consiste à intégrer des variables binaires au sein du modèle continue. C'est le formalisme MLD « *mixed logical dynamic* » [Bemporad, 99].

Nous présentons dans la suite, les définitions liées au premier aspect, l'approche MLD n'étant pas du tout exploitée dans ce travail. Signalons enfin que notre attention s'est particulièrement portée sur les modèles dont la partie événementielle s'appuie sur les réseaux de Petri (RdP), formalisme sur lequel sont basés les modèles étudiés. De ce fait, après une brève introduction sur les automates hybrides, nous présenterons ensuite, plus en détail les RdP, les RdP hybrides et nous introduisons les RdP couplés avec des équations différentielles.

### *1.3.1.1. Le modèle basé sur l'automate hybride*

L'automate hybride prend en charge explicitement la partie discrète et la partie continue dans une structure unifiée. Les auteurs [Lygeros et *al*, 2002] décrivent l'automate hybride comme étant une extension de l'automate à état fini associé à une dynamique continue. La représentation graphique de l'automate hybride est formée d'un ensemble de sommets et d'arcs (Figure 9). Les sommets définissent les états discrets du SDH contenant des jeux d'équations, décrivant la dynamique continue (équations différentielles ou de différences) aux quelles est associé la structure de commutation spécifiant le domaine d'invariant. Les sommets reliés par des arcs représentent les transitions liées à des conditions nommées garde.

En général, la condition de garde d'une transition est exprimée en fonction de la région de l'espace d'état continu. Elle peut être représentée par des intervalles. Ainsi, une transition est franchie si la condition de garde correspondant est vérifiée par les valeurs des variables d'état continues du système à l'instant considéré.

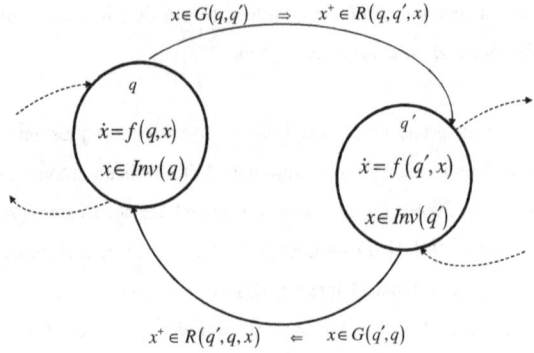

**Figure.9. Automate hybride**

Formellement, un automate hybride est défini par la collection :

$$H = (Q, X, f, Init, Inv, E, G, R) \tag{1.5}$$

Les modes discrets du SDH sont définis par la variable $Q = \{q_1, q_2, ..., q_s\}$, la variable d'état continue est décrite par $X \in \Re^n$.

$f : Q \times X \to X$ : le vecteur champs décrivant l'évolution continu de chaque mode appartenant à l'ensemble $Q$.

$Init \subseteq Q \times X$ : l'état initial hybride qui indique le mode discret initial et l'état continu initial.

$Inv : Q \to P(X)$ : l'ensemble d'invariant.

$E \subseteq Q \times Q$ : l'ensemble des évènements

$G : E \to P(X)$ : la condition de garde

$R : E \to P(X \times X)$ : la fonction réinitialisation « *Reset* » qui assure la mise à jour de l'état continu lors de la transition.

$P(X)$ : la collection contenant tout les sous ensemble de $X$.

L'état hybride du SDH est donné par le couple $(q, x) \in Q \times X$, le système demeure dans le mode $q$ et l'évolution de $x$ est régie par l'équation différentielle :

$$\dot{x} = f(q, x) \tag{1.6}$$

La variable d'état continue reste dans $Inv(q)$ tant que la condition de garde n'est pas atteinte. Dès qu'un événement se présente le système bascule vers un autre mode. Nous constatons que l'état continu change de valeur de $x^-$ à une nouvelle valeur $x^+$, avec $(x^-, x^+) \in R(q, q')$ ou $q'$ est le mode successeur de $q$, ainsi le cycle se poursuit.

L'utilisation du modèle automate hybride se voit dans divers travaux. Par exemple, la représentation des systèmes à commutations en fonction du temps et des systèmes Piecewise ont été formulées dans [De santi et al, 2003] [Koustoukous, 2005] par le bais d'un automate hybride. Afin de pouvoir couvrir une large classe de SDH, plusieurs extensions ont été développées. Nous pouvons rencontrer les automates hybrides dont l'évolution de la partie continue est décrite par des inclusions différentielles dans [Goebel et al, 2009], les automates hybrides probabilistes dans [Funiak, 2004] et les automates hybrides stochastiques dans [Hwang, 2003] [Lygeros, 2008].

L'automate hybride représente certes l'outil standard pour la description hybride, néanmoins ses points faibles résident d'une part dans l'impossibilité de traiter les problèmes de parallélisme, synchronisation, partage de ressources…et d'autre part, dans l'explosion combinatoire du nombre d'états. Effectivement, il est possible de découper le système global en sous-systèmes de telle sorte à construire un modèle d'automate pour chacun d'eux et de les composer ensuite pour élaborer l'automate correspondant au système global. Sauf que, dans de telles circonstances, la composition se fait par synchronisation entre les automates des différents sous-systèmes, soit par messages, soit par variable partagée [Lynch, 96]. Malheureusement, cette composition entre automates rend difficile l'analyse de leurs propriétés. De ce fait, leur utilisation dans les cas complexes où le nombre des états croit d'une manière considérable ou bien présente du parallélisme devient en quelque sorte déconseillée. D'où, le besoin de disposer de mécanismes de structurations plus puissants offerts par des modèles de plus haut niveau comme les Réseaux de Petri (RdP).

### 1.3.1.2. *Réseaux de Petri et formalisme Hybride.*

Un réseau de Petri est un outil graphique et mathématique qui est largement utilisé dans les domaines où les notions d'évènements et d'évolutions simultanées sont importantes. Les réseaux de Petri sont considérés comme un outil de représentation formel qui permet la modélisation, l'analyse et le contrôle des systèmes à évènements discrets. En plus, il tient compte des activités en parallèle, concurrentes et asynchrones (ressources partageables) des systèmes. De plus, l'un des avantages des réseaux de Petri, par rapport aux autres formalismes du même type, est qu'ils reposent sur des fondements théoriques permettant de vérifier les propriétés générales d'un modèle (vérifier que le modèle est vivant, sans blocage, borné, etc.) ainsi que l'accessibilité de certains marquages [Murata, 89]. Les méthodes de recherche de propriétés dans les réseaux de Petri sont basées non seulement sur l'élaboration du graphe des marquages accessibles comme le cas des automates, mais aussi sur l'algèbre linéaire (calcul des invariants de places et de transitions).

Vu les exigences et la complexité des processus industriels, plusieurs extensions de RdP ont été développées. Notons par exemple, la prise en compte de la contrainte du temps pour l'étude des processus apparait dans les réseaux de Petri temporisés et temporels. De même, la notion du marquage réel est introduite à travers les RdP continus. Le développement des RdP interprétés pour la supervision [Alla et al, 97], suivi des RdP stochastiques [Haas, 2002], le RdP coloré et d'autres…. Avec l'évolution technologique et l'orientation vers la description plus réaliste possible des processus, d'autres développements ont été effectués en particulier dans le cas du couplage d'un modèle RdP avec un comportement continu du système.

La première notion de RdP hybride est apparue dans [Allam et al, 98]. Ces travaux ont été étendus aux réseaux de Petri lots pour modéliser l'évolution de la disposition de lots de produits sur des convoyeurs [Demongodin et al, 2003], aux réseaux mixtes pour la supervision. [Valentin, 99], aux réseaux temporisés programmables dans les travaux de [Koustoukous, 98] et les RdPH du premier ordre dans [Dotoli, 2008]. Pour plus de détails, voir les travaux de [Dotoli, 2006] [Lefebvre, 2007] dans lesquels les auteurs ont fait un aperçu général sur l'exploitation des RdP dans la description des SDH. Ainsi, plusieurs extensions ont été mises en œuvre, chacune adaptée et motivée pour une classe de problèmes donnés, ou bien selon le domaine d'application et ces exigences.

*a. Concepts de base des réseaux de Petri*

Un RdP est un graphe composé de deux types de nœuds, des places et des transitions. Les places sont représentées par des cercles, les transitions par des barres. Des arcs orientés relient les places aux transitions. Un réseau de Pétri marqué contient un nombre entier (positif ou nul) de marques, ou jetons, réparties à travers les places. Cette répartition décrit l'état discret du modèle. Les jetons se déplacent dans le réseau de Pétri en respectant les règles d'évolution suivantes :

- Une transition est sensibilisée si chacune de ses places d'entrée (place amont) contient au moins un jeton.
- Le tir d'une transition correspond à retirer un jeton de chaque place amont à la transition et à ajouter un jeton à chaque place aval (place de sortie), voir Figure.10.

- Le franchissement d'une transition correspond à l'occurrence d'un évènement.

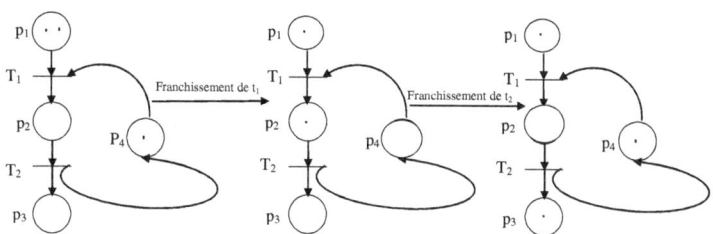

**Figure.10. Evolution du marquage d'un réseau de Pétri**

Un RdP est défini par le quadruplet [Alla et *al*, 97]:

$$R < p, T, Pre, Post >$$ (1.7)

Où :

$p = \{p_i\}_{i=1,...,npD}$ : ensemble fini de places

$T = \{t_j\}_{j=1,...,m}$ : ensemble fini de transitions

$Pre(p_i, t_j), \ p \times T \to \Re$ : le poids de l'arc reliant la place $p_i$ à la transition $t_j$.

$Post(p_i, t_j), \ p \times T \to \Re$ : le poids de l'arc reliant la transition $t_j$ à la place $p_i$.

Au graphe, $R$ est associé un marquage $M$, l'évolution de ce dernier est régie par l'équation suivante :

$$M_{k+1} = M_k + W\sigma$$ (1.8)

où $\sigma$ est le vecteur de franchissement de transition, $M_k$ correspond au marquage du réseau à l'instant $k$ et $W$ désigne la matrice d'incidence. Elle exprime les relations d'entrées et de sorties entre les places et les transitions et ces éléments sont définis par :

$$w_{i,j} = Pre(p_i, t_j) - Post(p_i, t_j)$$ (1.9)

*b.*    ***Réseaux de Petri continu et modèle hybride***

Une des difficultés que présente l'exploitation des RdP est l'augmentation rapide de la complexité du modèle, résultant du fait d'avoir un nombre important de jetons dans les places. Cela a conduit à introduire la notion de réseau de Petri continus (RdPC) où le marquage devient un nombre réel positif. Les réseaux de Petri continus étendent le marquage dans l'espace d'état des réels en fonction du taux de franchissement des transitions. Ainsi, le processus du franchissement des transitions obéi aux conditions suivantes [Alla et *al*, 98a] [Alla et *al*, 98b]:

- Une transition est considérée sensibilisée dés que le marquage de la place en amont est strictement différent de zéro.
- Le franchissement d'une transition n'est plus instantané puisque le jeton va franchir la transition par une quantité infinitésimale. Ceci a nécessité une association des vitesses de franchissement aux transitions.

Avec ces principes, la structure est formée d'une transition continue avec une place continue d'entrée et une place continue de sortie. L'ensemble est l'image exacte d'un sablier, où le jeton s'écoule continument de la place d'entrée vers la place de sortie. De ce fait, l'évolution du marquage discret décrit par (1.8) devient :

$$\frac{dM}{dt} = Wv(t)$$
(1.10)

avec $v(t)$ la vitesse de franchissement des transitions à l'instant $t$.

Dans la littérature, on dénombre, trois configurations de réseaux de Petri continus qui ont été formellement définis: RdPC à vitesse asymptotique [Lebail, 92] RdPC à vitesse constante [Alla et *al*, 97] et RdPC à vitesse variable [Alla et *al*, 97]. Ils sont différenciés par la façon de calculer les vitesses de franchissement des transitions.

Bien que, le modèle constitue une approximation des systèmes à évènements discrets, les travaux de [Julvez, 2004a] et [Lefebvre, 2004] montrent que le RdPC à vitesse variable peut être utilisé pour la représentation des SDH.

Selon [Lefebvre, 2004], les RdPC à vitesse variable sont bien adaptés à l'étude des systèmes dynamiques hybrides vu qu'ils combinent des aspects structurels et discrets avec des comportements continus (équations différentielles du premier ordre qui déterminent l'évolution temporelle du marquage). Ainsi, chaque transition est franchie avec une fréquence de franchissement effective inférieure à la fréquence maximale. Soit $v = v_{j=1,...,p} \in {}^{+p}$ le vecteur de vitesse de franchissements de la transition $T_j$ à l'instant $t$. Les composantes de ce dernier dépendent continûment du marquage des places de la forme:

$$v_j(t) = v_{max_j} \mu_j(t) \tag{1.11}$$

avec $\mu_j(t) = \min_{p_i \in {}^\circ T_j} (M_i(t))$.

En fonction du paramètre minimum, l'évolution du marquage présente des commutations. De ce fait, une représentation par morceaux peut être utilisée. D'autre part, à partir d'un ensemble de transformations mathématiques, le modèle est décrit sous forme de représentation d'état. Ainsi, le vecteur marquage correspond au vecteur d'état, le vecteur sortie est donné par des sommes pondérées des sous ensembles de places et les taux de franchissement des transitions forment le vecteur d'entrée [Lefebvre, 2004]. Comme le montre la Figure.11, chaque transition est bouclée sur elle-même afin de réduire le nombre de franchissements simultanés. La limitation du nombre de franchissements des transitions apparait dans la représentation d'état du modèle comme une commutation d'une structure à une autre. Ce qui rend le modèle apte à décrire les phénomènes à transitions

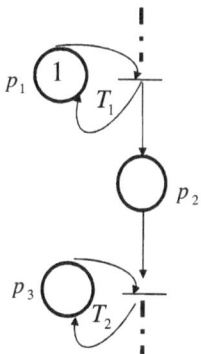

**Figure.11. Principe du réseau de Petri continu à vitesse variable**

Par ailleurs, dans [Julvez, 2004a], l'auteur a exploité les RdPC à vitesses variables en se basant sur le principe de fluidification [Silva, 2004] pour la description des SDH. Dans ce contexte, les arcs d'un réseau de Petri continu portent des débits qui limitent le passage de jetons continus

(Figure.12) et créent un marquage décrit par une équation différentielle définissant l'état du système.

Afin d'aboutir aux expressions exprimant l'évolution du marquage de ce type de réseaux, considérons la dérivée de la dynamique du marquage discret (1.8) donnée par :

$$\dot{M}(t) = W\dot{\sigma}(t) \tag{1.12}$$

où $\dot{\sigma}$ décrit le flot des transitions.

Ainsi, le flux de transition est proportionnel à son degré de franchissement. Ce dernier dépend du marquage de la place d'entrée et du poids connecté à la transition considérée. Le taux de franchissement des transitions est calculé en considérant la division du marquage de chaque place d'entrée par le poids de l'arc. Le résultat donnant le minimum de la division correspondra à la transition franchit.

En conséquent, l'évolution du marquage est limitée par le comportement du flot de ces transitions de sortie. De ce fait, le processus sera décrit par une structure de sous réseau formé par un ensemble de transitions et places qui change en fonction du marquage minimal.

Afin d'illustrer l'évolution d'un tel réseau, soit la structure du réseau de Petri continu de la Figure. 12. Pour un marquage initial $M_0 = \begin{bmatrix} 3 & 0 & 0 \end{bmatrix}^T$, l'évolution du marquage est comme suit :

Pour $m[p_1] < m[p_2]$, le taux de franchissement de la transition $T_2$ sera donné en fonction du marquage de la place $p_1$. De ce fait, le système évolue dans le **mode1**.

A l'occurrence d'un évènement interne si $m[p_2] < m[p_1]$, le taux de franchissement de la transition $T_2$ sera donné en fonction du marquage de la place $p_2$, le système commute vers le **mode2**.

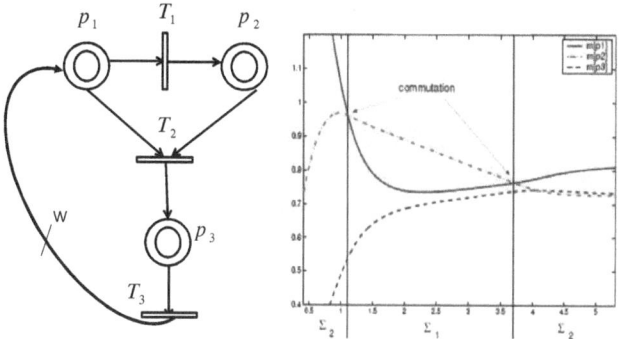

**Figure. 12. Principe des RdPC fluides**

Ainsi, la structure du réseau sous de telles conditions présente l'évolution d'un système linéaire par morceau comme il est indiqué dans la Figure.12 à gauche.

Selon les expressions d'évolution du marquage du réseau de Petri continu et fluide, le principe se base sur les vitesses de franchissement des transitions. La manière dont les franchissements des transitions sont effectués (comme un flot continu), rend ces modèles plutôt adaptés à la modélisation de flots (réseaux, trafic routier, systèmes de production etc.) En plus, elles proposent une dynamique uniquement basée sur des vitesses mais ne permettent pas de représenter n'importe quel système hybride.

*c. Réseaux de Petri hybrides*

Sous un formalisme graphique unifié, les réseaux de Petri hybrides (RdPH) [David, 2000] sont constitués :

- des places et des transitions discrètes représentants la partie discrète du SDH.
- des places continues dont le marquage est un nombre positif ou nul et des transitions continues qui correspondent à des écoulements continus. L'ensemble décrit la partie continue.

Nous pouvons ainsi décrire des variables qui évoluent de façon continue et linéaire en fonction du temps. La Figure.13 illustre graphiquement le principe du RdPH à travers un simple exemple. Le modèle discret affecte le modèle continu en agissant sur les variables de franchissement des

27

transitions du réseau de Petri continu. De même, le modèle continu influence le modèle discret en fixant un seuil qui valide la transition de la partie discrète quand le nombre de jeton de la place considérée vérifie la condition du seuil. L'influence de la partie discrète sur la partie continue se fait par l'intermédiaire de boucles élémentaires reliant des places discrètes à des transitions continues. L'influence de la partie continue sur la partie discrète (franchissement de seuils par des variables continues) se fait par des boucles élémentaires reliant des places continues (représentant les variables testées) à des transitions discrètes.

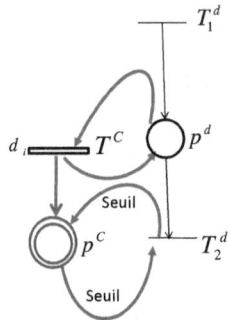

**Figure.13. Principe des réseaux de Petri hybride**

Formellement, un RdP hybride est un sextuple [Alla et *al*, 2004],

$$R = < p, T, Pre, Post, M_0, H >$$ (1.13)

où

$p = p^d \cup p^c$ ensemble fini de places discrètes et continues.

$T = T^d \cup T^c \to \Re$ ensemble fini de transitions.

$Pre : T \times p$ application d'incidence avant définie dans $\Re^+$ ou dans $N$ selon le cas.

$Post : T \times p$ application d'incidence arrière définie dans $\Re^+$ ou dans $N$ selon le cas.

$H : p \cup T \to \{d, c\}$ fonction hybride indiquant le type du nœud (discret ou continu).

$M_0$ marquage initial du réseau défini dans $\Re^+$ pour le type continu et dans $N$ pour le type discret.

Les deux parties interagissent selon des règles de franchissement des transitions discrètes et continues. Pour plus d'information, nous invitons le lecteur à consulter les références [Alla et *al*, 2004] [Ghoumri et *al*, 2007].

Bien que ce modèle permette de représenter des variables d'état discrètes et continues au sein d'un même formalisme, il est limité dans la description de l'évolution des variables continues. Il ne décrit que des phénomènes continus particuliers et des procédés de faible complexité. Ce qui n'est pas toujours le cas dans les processus industriels qui sont par nature complexes.

Un autre inconvénient que l'on peut citer concerne la limitation du marquage d'un RdPC et RdPH, les valeurs négatives ne sont pas prises en compte du fait que le marquage est par définition positif et réel. Les mêmes constations sont vérifiées pour les poids des arcs.

De plus, la technique de modélisation via ces outils est souvent spécifiée par des événements d'état (seuil de température ou de composition, etc.) et non par des durées ou des dates d'occurrence fixées à priori. Dans ce contexte, l'utilisation des formalismes classiques intégrant seulement la notion d'évènements temporels (automates temporisés, réseaux de Petri temporisés) ou bien de vitesses de franchissement (réseaux de Petri continus ou hybrides) s'avèrent mal adaptés à la classe des systèmes hybrides considérés dans notre travail. L'utilisation d'un modèle purement hybride apparaît comme une solution adéquate. De plus, ces formalismes ne permettent pas de prendre en compte des équations différentielles générales ni de représenter des équations algébriques en utilisant des places et des transitions d'un RdP hybride, comme le cas des RdP couplés avec des équations différentielles.

*d.* ***Réseaux de Petri associés aux équations différentielles***

Le premier objectif de notre travail est de trouver un modèle de réseau de Petri adapté aux systèmes purement hybrides. Afin d'y aboutir, la littérature nous a conduit vers une classe de RdPH associée aux équations algébriques différentielles. A notre connaissance, l'aspect de ce formalisme existe sous trois extensions :

- Les RdP particulaires : La notion de ce type de réseau a été mise en œuvre dans [Lesire, 2005], dans le but de prendre en considération les incertitudes sur les paramètres en plus de la description usuelle du système.

- Les réseaux de Petri Prédicat transition différentielles : Dans les travaux de [Champagnat, 98b], l'auteur a élaboré un modèle à base de RdP typiquement équivalent aux automates hybrides. Cet outil est exploité dans le cas des systèmes industriels de grande taille nécessitant l'intégration des méthodes de modularité lors de l'élaboration du modèle.

- Réseaux de Petri différentiels : Ces RdP ont été élaboré dans [Demongodin et *al*, 96]. Ces derniers sont composés de deux types de places et de transitions : places discrètes et différentielles, transitions discrètes et différentielles. L'évolution des variables discrètes du modèle est décrite par les places et les transitions discrètes. La partie continue dans ce réseau est représentée par un modèle différentiel permettant un marquage négatif dans les places.

A travers le court aperçu sur les RdPH, nous précisons que les réseaux de Petri différentiels (*RdPdf*) sont le formalisme que nous retenons pour la modélisation de la classe des systèmes à étudier dans notre cas. Le choix de ce dernier est basé sur le fait que ce type de réseaux présente une souplesse, une grande simplicité et une capacité dans la description des systèmes hybrides. Notons que pour des raisons de structure et de clarté, nous avons consacré un chapitre complet (chapitre 2) à une description plus détaillée et formelle du formalisme *RdPdf*. Dans la suite nous continuerons à présenter les outils et définitions nécessaires autour des SDH

### 1.3.2    *Classes des systèmes hybrides*

Nous avons mentionné dans les paragraphes précédents que les SDH englobent de nombreuses classes telle que la classe des systèmes complémentaires ''Complementary system'' [van der schaft, 97] [De schutter, 2003], hybride stochastiques [Boukas, 2005], ''Piecewise affine'' [Bemporad, 2000], systèmes impulsifs [Haddad, 2006]… Dans ce travail, nous opterons pour l'étude des classes de SDH les plus rencontrés dans la littérature et dans la réalité, nous nous limiterons aux systèmes à commutations linéaires et aux systèmes linéaires par morceaux dont nous donnerons une définition dans la suite du manuscrit.

Notons de plus qu'un effort particulier a été apporté à l'étude de ces classes pour deux raisons principales. D'abord, elles sont suffisamment riches pour permettre une modélisation réaliste de nombreux problèmes. Ensuite, leur simplicité relative permet la conception d'outils algorithmiques pour l'étude de ces systèmes.

#### 1.3.2.1. *Systèmes linéaires à commutations « Switched Systems »*

Les systèmes dynamiques linéaires commutés représentent une classe importante de systèmes dynamiques hybrides. Ils jouent un rôle majeur dans plusieurs applications telles que les convertisseurs statiques largement utilisés pour la gestion de l'énergie électrique et la sécurité des communications. Il s'agit d'un ensemble fini de sous systèmes LTI (lineair time invariant) associés à une loi de commutation. Cette dernière définit à chaque instant le système linéaire actif comme le montre la Figure 14.

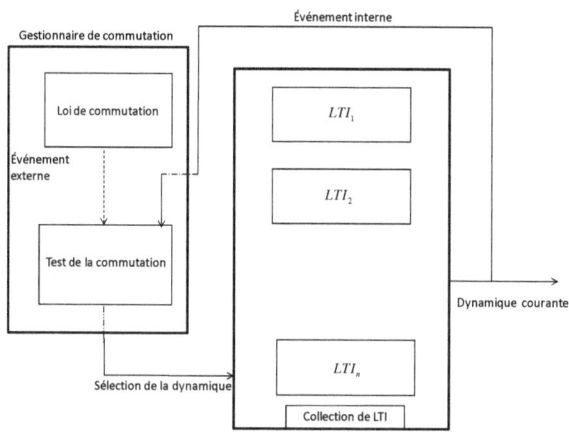

**Figure. 14. Principe de systèmes à commutation**

Formellement, un système à commutation est défini par :

$$\dot{x}(t) = f_i\big(x(t), u(t)\big) \tag{1.14}$$

$i \in \aleph \to Q = \{1, 2, ..., q\}$, l'index indiquant le sous système actif, $s$ défini le nombre de sous systèmes, $x \in \mathfrak{R}^n$ l'état du système, $u \in \mathfrak{R}^p$ l'entrée de commande et $f_i(.,.)$ les vecteurs champs décrivant les différentes évolutions du système.

Il existe différents types de systèmes à commutation. L'élément retenu pour réaliser cette classification est la nature dont les commutations sont régies. Ainsi, la sélection du sous système actif ou plus spécifiquement le changement d'un mode à un autre est provoqué par des variables passant soit par des seuils (événement de l'état), soit par un critère temporel (événement temporel) ou encore par des entrées externes (événement d'entrée).

La diversité des critères de transition entre les différents modes d'un SDH donne une idée sur la diversité des systèmes à commutations. Dans ce qui suit, nous donnons une description sur la classe des SDH traitées dans ce manuscrit.

### a. Commutation dépendante de la variable d'état

La condition attribuée à la transition de ce type de système est liée au vecteur d'état continu. Le changement du mode du SDH est réalisé quand l'évolution de l'état franchie une surface ou bien un hyperplan prédéfini pour chaque dynamique (Figure.15).

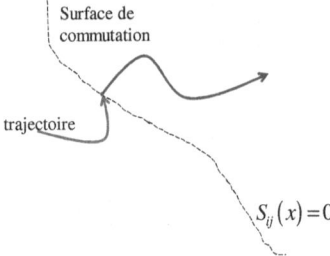

**Figure.15. Systèmes à commutations dépendant de l'état**

L'exemple du réservoir donné dans les sections précédentes illustre parfaitement ce type de commutation.

### b. Transition dépendante du temps

Dans ce cas, la contrainte temps gère l'évolution des différents modes du SDH. Ainsi, dans de tels systèmes, comme il est montré sur la Figure.16, les différents sous systèmes évoluent selon une certaine dynamique parmi un ensemble fini de dynamique dans un intervalle de temps, puis sur une autre dynamique dans l'intervalle suivant. Dans une telle représentation, les circonstances de transition dépendent d'un temps séparant deux transitions consécutives. Ceci accorde à chaque sous système LTI une évolution durant un temps $t = \tau_{D_{i,k\{1,\dots,q\}}}$.

**Figure.16. Principe de commutation dépendant du temps**

avec $k$ est un index et $q$ défini le mode discret du système.

Afin d'illustrer ce type de commutation, reprenons l'exemple du réservoir ou le remplissage se fait sur deux unités de temps et la vidange se fait sur une unité de temps. Ainsi, le système sera décrit par les expressions :

Mode remplissage $\dot{V} = d$   si t $\leq 2$ unités de temps

Mode vidange $\dot{V} = -d$   si $t \leq 1$ unité de temps

Mode de repos $\dot{V} = 0$ si $t = 2$ unités de temps

### c. Commutation mixte

La commutation mixte intègre le temps et le seuil concernant la variable d'état continue au sein d'une même loi de commutation. Par ce mixage, l'évolution des différents modes du SDH est gérée par un évènement issu d'une combinaison d'une contrainte temporelle et de la variable d'état du système. Ainsi, cette situation représente le cas du remplissage d'un réservoir au bout d'un délai $t = t_1$ avec un volume de liquide $V \leq V_{\min}$. De même, la vidange doit être effectuée au bout de $t = t_2$ avec un volume $V \leq V_{\max}$.

*Remarque :*

Nous reviendrons de façons plus détaillées sur la méthodologie de calcul de ce temps dans le chapitre 2.

En résumé, la commutation en fonction de l'état fait référence à la localisation des états dans le plan de phase, alors que la commutation en fonction du temps s'effectue à une certaine valeur de temps.

### 1.3.2.2. Systèmes linéaires par morceaux (Piecewise Systems)

Historiquement, la classe des systèmes linéaires par morceaux a été introduite comme outil de modélisation des systèmes non linéaires [Sontag, 81]. En effet, les systèmes linéaires peuvent être finement approchés par des fonctions linéaires par morceaux. Ainsi, selon [Johannson, 2003], l'idée de remplacer une dynamique non linéaire par une dynamique linéaire par morceau n'est pas vraiment nouvelle. L'approximation de ces derniers a été traitée en premier temps par Kalman sous le principe que les systèmes à saturation forment une série de région de forme de polyèdre dans l'espace d'état séparé par des frontières de commutation. Au cours des années, une autre idée a été développée et raffinée sous le point de vue que les systèmes "Piecewise" sont des systèmes linéaires interconnectés avec un élément intégrant des non linéarités tel que les relais [Juloski, 2004].

### 1.3.2.2.1. Définition

Un système hybride est dit linéaire par morceaux si les lois décrivant son évolution continue sont formulées au moyen d'équations différentielles linéaires. Nous venons d'illustrer que cette classe de système résulte d'un partitionnement de l'espace entrée/état du système en un ensemble de régions. Chaque fonction décrivant l'état du système est affectée à chacun des polyèdres ou de régions obtenus. Ainsi, l'ensemble des régions est délimité par des frontières où les sous systèmes peuvent évoluer. Ces limites constituent les conditions portées sur l'invariant définissant le domaine de validité de chaque sous modèle. Ces derniers sont régis par l'évolution de l'équation (1.15)

$$\dot{x} = A_i x \, , \quad x \in R_{i \in \{1,...,q\}} = \left\{ R_1, R_2, ...., R_q \right\} \subseteq \Re \qquad (1.15)$$

$A_i \in \Re^{n \times n}$ défini la matrice d'état dans chaque région, $x \in \Re^n$ le vecteur d'état continu du SDH, $R$ est l'ensemble des régions de l'espace d'état et $i \in Q$ le nombre de mode du système.

Nous proposons à travers un exemple d'illustrer la nature de ce type de système.

**Exemple 1.2**

Soit le système à retour d'état donné par la Figure 17 et décrit par l'expression:

$$\dot{x} = Ax + bsat(\upsilon), \upsilon = K^T x \qquad (1.16)$$

avec $A \in \Re^{n \times n}$ la matrice d'état du système (1.16), $x$ la variable d'état, $b \in \Re^{n_p}$ le vecteur de commande, $K \in \Re^{n_p}$ le vecteur gain stabilisant le système (1.16), $G = Ax$ et $sat(\upsilon)$ est définie par :

$$sat(\upsilon) = \begin{cases} -1 & x \in R_1 \\ \left(K^T\right)x & x \in R_2 \\ +1 & x \in R_3 \end{cases}$$

34

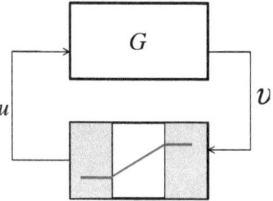

**Figure. 17. Retour à saturation linéaire**

Ainsi, l'élément non linéaire conduit au partitionnement de l'espace d'état en trois régions illustrées dans la Figure.18.

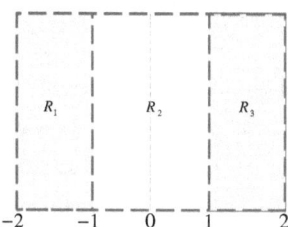

**Figure.18. Partitionnement de l'espace d'état en $R_i$ région.**

De ce fait, les cellules des polyèdres correspondent respectivement à une saturation négative, une forme linéaire et une saturation positive. Ce partitionnement permet d'aboutir au modèle d'état suivant:

$$\dot{x} = \begin{cases} Ax - b & x \in R_1 \\ \left(A + bK^T\right)x & x \in R_2 \\ Ax + b & x \in R_3 \end{cases} \tag{1.17}$$

Ainsi, l'expression (1.17) présente la structure d'un modèle hybride. Par conséquent, les systèmes linéaires par morceaux peuvent être considérés comme une classe de SDH.

Une fois la phase de la conception du modèle d'un système dynamique est achevée, la tâche de l'étude de ce dernier devient la plus importante. En effet, l'étude de la stabilité d'un système dynamique est considérée parmi les problèmes à prendre au sérieux en automatique. Ainsi, ce point constitue le dernier volet de ce chapitre.

### 1.3.3. Stabilité des SDH

La convergence de l'état estimé est liée à l'étude de stabilité de la dynamique de l'erreur. En effet, le but de cette partie n'est pas de faire un état de l'art autour de la stabilité des SDH. Il s'agit de sensibiliser le lecteur non averti à certains outils qui seront nécessaires à la prise en main et à la compréhension de certains développements dans les chapitres suivants.

La partie discrète d'un SDH ne représente qu'un ensemble de contraintes. Par conséquent, la stabilité des SDH ne concerne essentiellement que la partie continue de celui-ci.

D'une manière générale, le problème de la stabilité des SDH est complexe. En effet, la stabilité des sous systèmes d'un SDH ne garanti pas la stabilité du système SDH global (voir Figure.19 et Figure 20). De même, l'instabilité des sous systèmes du SDH sous l'effet d'une commutation particulière peut provoquer la stabilité globale du système [Branicky, 94].

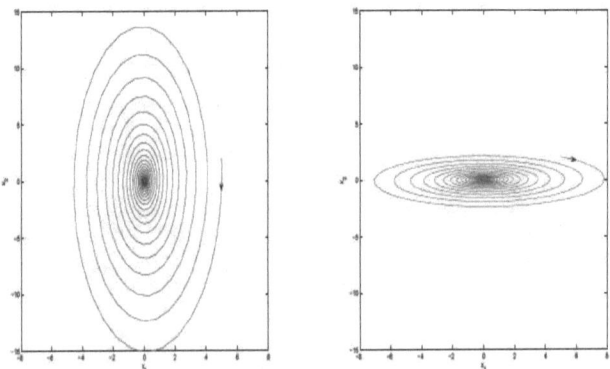

**Figure.19. Sous systèmes Stables**

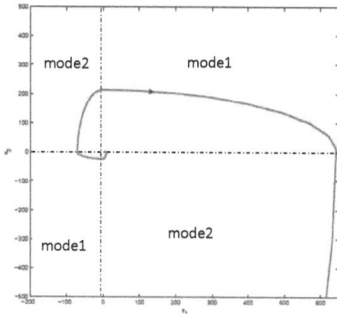

**Figure.20. Instabilité d'un SDH sous une séquence de commutation**

D'énorme effort et plusieurs travaux ont été effectués dans le but de la mise en point des concepts de base concernant la stabilité de ce genre de systèmes [Peleties, 91], [Branicky, 93], [Branicky, 97], [Branicky, 98]. Le premier diagnostic des problèmes de la stabilité a été effectuée dans [Liberzon et al, 99] où les auteurs ont résumé ces derniers en trois points énoncés comme suit:

*PB1 :* Trouver la condition qui garantie la stabilité asymptotique du système (1.14) pour n'importe quel signal de commutation (Arbitrary Switching Sequence).

*PB2 :* Identifier les classes de signaux de commutations pour lesquelles le système (1.14)(1) est asymptotiquement stable.

*PB3 :* Construire un signal de commutation pour lequel le SAC (1.14) est asymptotiquement stable

Les résultats de ces recherches ont conduit à d'autres notions de stabilité. Celles-ci spécifient les conditions nécessaires et les propriétés de la stabilité des SDH. Nous trouvons un état de l'art assez complet sur la stabilité des systèmes hybrides dans [Décarlo, 2000]. Dans ce dernier, l'auteur a mentionné que dans la majorité des cas le contexte de l'analyse de la stabilité des SDH se basent sur l'approche de Lyapunov, ou plus spécifiquement le principe s'appuie sur la fonction de Lyapunov quadratique. Pour plus de détail sur les techniques utilisées, nous invitons le lecteur de consulter [Liberzon, 2003] [Hespanha, 2004] [Hien, 2009] et l'annexe

## 1.4. Conclusion

Nous avons organisé ce chapitre au tour de trois grands axes dans le but de donner une vue sur le principe, la modélisation et l'analyse de stabilité des systèmes hybrides. En effet, nous avons commencé par la description de ces systèmes en donnant les définitions de base, suivis d'une classification du comportement hybride. Nous avons consacré la suite aux différentes approches de modélisation utilisées dans le développement du modèle de ces systèmes. Dans ce volet, nous avons fait un tour d'horizon sur les automates hybrides et nous nous somme concentré sur les réseaux de Petri. Ce dernier est l'outil exploité dans l'élaboration du modèle des SDH dans notre travail.

Les systèmes hybrides englobent une large classe de systèmes dynamiques, mais nous avons limité le contenu de ce point aux classes les plus rencontrées dans la littérature et dans la réalité. Ainsi, nous n'avons ciblé que la description des systèmes à commutations linéaires et des systèmes linéaires par morceaux

Du fait que la fiabilité de l'estimation de l'état est en relation implicite avec l'analyse de la stabilité, nous avons évoqué ce problème dans le dernier volet de ce chapitre. Ainsi, Les études réalisées dans ce contexte s'articulent soit autour du principe de Lyapunov, soit autour du principe de dissipativité et de passivité. Ces techniques sont explicitées et illustrées dans l'annexe.

En fin, ce chapitre présente une vue générale sur les SDH aux non initiés dans le domaine. Bien entendu, cet état de l'art n'est pas complet, mais nous avons essayé d'être plus au moins objectifs dans le contenu. Grâce à cette étude, nous avons retenu les réseaux de Petri différentiels comme outil de modélisation pour notre tâche. Ce dernier sera le model sur lequel nous allons se baser pour l'estimation de l'état hybride d'une large classe des SDH.

C'est dans cette direction que les travaux, vont être présentés dans la suite de ce mémoire. Le prochain chapitre propose de donner d'une façon plus détaillée l'outil retenu dans notre étude et son exploitation dans la modélisation d'une large classe de SDH.

## Chapitre 2

# Réseaux de Petri différentiels (RdPdf) et SDH

## Introduction

Après avoir fait un tour d'horizon sur les travaux effectués autour des SDH dans le chapitre précédant, nous nous intéressons dans le présent chapitre à l'outil de modélisation qui sera adopté dans notre travail. Cependant, avant de présenter le principe de notre approche, nous notons que l'interaction de deux modèles à aspects différents a conduit au développement de plusieurs outils de modélisation et de méthodologies destinés à l'étude des SDH. Parmi, les modèles élaborés, nous nous intéressons particulièrement aux outils développés dans le contexte des approches mixtes décrites dans la section 1.3.1 du chapitre 1.

La capacité et la puissance des modèles mixtes dans la description du comportement hybride ont suscité l'attention des chercheurs et ont fait l'objet de discussion dans plusieurs travaux [Antsakliss, 2003] [Lygeros et *al*, 2001] [Goebel et *al*, 2009]. De ce fait, divers modèles ont été mise en œuvre et la plupart d'entre eux s'articulent autour des automates hybrides ou autour des réseaux de Petri hybrides ainsi que leurs extensions. Le choix du formalisme de modélisation parmi l'ensemble de ces modèles présente l'un des ingrédients contribuant à la fiabilité de l'étude de ces systèmes, en particulier s'il s'agit de l'estimation des états.

En effet, la synthèse d'observateur hybride se basant sur la reconstruction séparée de l'état discret et continu conduit à découpler la partie continue de la partie discrète [Balluchi et al, 2002a]. En conséquence, ce découplage ne peut s'appliquer sur tous les systèmes dynamiques puisque le lien existant entre les deux composantes ne sera plus pris en compte. Particulièrement, si le système est complexe et dont les composantes continues et discrètes sont étroitement liées. Ainsi, l'exploitation d'un modèle purement hybride dès la phase de la modélisation serait la solution la plus convenable pour l'estimation de l'état hybride (continu et discret).

Dans ce contexte, nous proposons dans un premier temps une méthodologie de modélisation basée sur les réseaux de Petri différentiels (*RdPdf*) [Demongodin et *al*, 96]. Cette méthodologie qui s'applique à une large classe de systèmes hybrides sera ensuite adossée d'un certain nombre de transformations mathématiques, que nous proposons afin de trouver des liens directs entre les deux parties du SDH. Ces transformations seront enfin exploitées pour la synthèse d'observateurs et la détermination des conditions de stabilisation des systèmes que l'on considère.

Notons aussi qu'en plus des arguments donnés dans le chapitre précédant en faveur des *RdPdf*, nous pouvons aussi citer que les formalismes classiquement utilisés (automates hybrides [Lygeros et *al*, 2002] et réseaux de Petri hybrides [Alla et *al*, 98a]) ne permettent pas de décrire efficacement et simultanément la partie discrète et la partie continue, car ils favorisent souvent une partie au détriment de l'autre.

Pratiquement, la première extension d'un *RdPH* vers un *RdP* couplé aux équations algébriques différentielles a été développée par Demongodin et koussoulas dans [Demongodin et *al*, 96.]. Ce nouvel outil, baptisé *RdP* différentiels (*RdPdf*), est décrit typiquement par un ensemble d'équations différentielles associées avec un système à événements discrets. Ensuite, la formulation mathématique de l'interaction entre les deux parties a été établie dans [Dvaros et *al*, 2002] pour des classes particulières de système. D'autres transformations ont été effectuées sur cet outil dans [Wu, 2002a] [Wu, 2002b]. Le résultat était une nouvelle extension connue sous le nom de *RdPdf* généralisé. Cette dernière a l'avantage de permettre une meilleure lisibilité graphique particulièrement dans le cas où le vecteur d'état est de grande dimension.

Les travaux récents de [Demongodin et *al*, 2006.] ont finalement montrés qu'un *RdPdf* peut facilement prendre en charge la description des conditions du passage d'un sous système à un autre et ont illustrées sa pertinence pour des problèmes de supervision et de commande. Ces résultats ont été ensuite exploités dans [Dvaros et *al*, 2007.] permettant ainsi de modéliser les systèmes linéaires à commutations via les *RdPdf*. Dans ce contexte, une partie de nos travaux [Hamdi et *al*, 2008a] ambitionne de proposer des extensions permettant, entre autre, de modéliser les systèmes linéaires par morceaux à travers les *RdPdf*.

Dans ce chapitre, après une brève représentation des *RdPdf*, nous illustrerons à travers ces derniers, la méthodologie de modélisation des systèmes à commutations et des systèmes linéaires par morceaux. Ainsi, sans affecter la structure de base du réseau, nous exposons les modifications graphiques et les développements mathématiques effectués pour la représentation d'état des SDH considérés. Sous la notion du temps de séjours, dans la dernière section de ce chapitre, nous aborderons la durée de l'évolution de chaque mode du SDH Ainsi, nous établirons les conditions nécessaire et suffisante à travers lesquelles ce temps sera calculé. Enfin, nous illustrons tous les développements donnés à travers des exemples simulés.

## 2.2. Présentation des RdPdf

Un réseau de Petri différentiel est constitué de places et de transitions discrètes ainsi que de places et de transitions différentielles (voir Figure.1.). L'association d'un réseau de Petri discret aux places et transitions différentielles combine les avantages de deux types de réseaux.

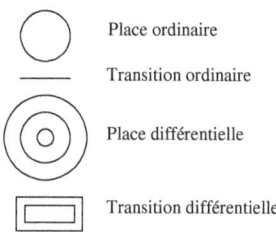

Place ordinaire

Transition ordinaire

Place différentielle

Transition différentielle

**Figure. 1. Places et transitions d'un réseau de Petri différentiel**

Un *RdPdf* est défini par :

$$RdPDf =< p, T, Pre, Post, f, M_0, \Im >$$ (2.1)

où $p = \{ p_i \}_{i=1,\ldots,npD}$ : ensemble fini de place.

$T = \{ t_j \}_{j=1,\ldots,m}$ : ensemble fini de transitions tels que $p \cap T = \varnothing$.

$Pre(p_i, t_j)$, $p \times T \to \Re$ : poids de l'arc reliant la place $p_i$ à la transition $t_j$.

$Post(p_i, t_j)$, $p \times T \to \Re$ : poids de l'arc reliant la transition $t_j$ à la place $p_i$.

$f : P \cup T \to \{ D, Df \}$ : fonction différentielle, qui spécifie le type du nœud (discret $(D)$ ou différentiel $(Df)$).

$M_0$ : marquage initial.

41

$\Im$ est une application qui associe un nombre réel à chaque transition et une temporisation à chaque transition différentielle.

Le marquage d'un *RdPdf* est constitué de deux parties:

$$M(t_k) = \left( M^D(t_k) \mid M^{Df}(t_k) \right) \qquad (2.2)$$

où :

$M^D \in \mathbb{N}^{n_{pD}}$ Le vecteur de marquage discret. Les composantes de ce vecteur sont des valeurs entières représentant le nombre de jetons dans les $n_{PD}$ places discrètes.

$M^{Df} \in \mathbb{N}^{np_{Df}}$ Le vecteur de marquage différentiel. Les composantes de ce vecteur sont des valeurs réelles représentant le marquage des $np_{Df}$ places différentielles.

Par ailleurs, la matrice d'incidence d'un *RdPDf* est définie par :

$$W = Pre(p_i, t_j) - Post(p_i, t_j) = \begin{pmatrix} W^D & W^{DfD} \\ W^{DDf} & W^{Df} \end{pmatrix} \qquad (2.3)$$

où :

$W^D$ : matrice d'incidence discrète définie le lien entre les transitions et les places discrètes.

$W^{Df}$ : matrice d'incidence différentielle décrit la relation liant les places et les transitions différentielles.

$W^{DfD}$ : matrice d'incidence lie la partie différentielle à la partie discrète.

$W^{DDf}$ : matrice d'incidence définie l'interaction entre la partie discrète et la partie différentielle.

Enfin, le marquage atteignable à l'instant $t_k$ à partir d'un marquage initial à l'instant $t_i$ est défini par :

$$M(t_k) = M(t_i) + W\left( \sigma(t_k) + \int_{t_i}^{t_k} v(u)\,du \right) \qquad (2.4)$$

avec $\sigma \in N^m$ le vecteur de franchissement de transition discrète, $m$ est le nombre de transitions discrètes et $v$ le vecteur contenant les vitesses de franchissement instantanées des transitions différentielles.

Notons que les transitions différentielles sont caractérisées à la fois par une vitesse de franchissement $v$ et une temporisation notée $h$. Cette dernière représente le pas d'intégration utilisé pour la résolution de l'équation différentielle pendant la simulation. Ainsi, selon la théorie des réseaux de Petri, le délai de temporisation $h$ est associé à une transition discrète implicite (voir Figure. 2).

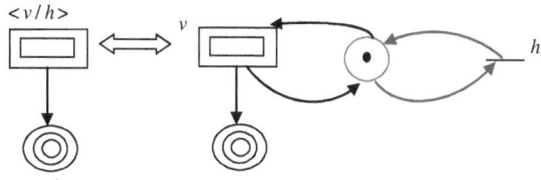

**Figure. 2 Principe de la transition différentielle**

## 2.3. Principe de modélisation des SDH par les RdPdf

Dans cette section, nous allons chercher à trouver et à exploiter les liens éventuels entre la structure des *RdPdf* et la structure générique du SDH. Pour ce faire, nous proposons d'illustrer la procédure de la modélisation en considérant le SDH décrit par l'expression (2.5):

$$\dot{x} = A_q x + B_q u \qquad (2.5)$$

Un tel système évolue sous une loi de commutation quelconque notée $S_q$, tel que, le choix du mode $q$ et de la dynamique continue correspondante est régie par la validité de $S_q$.

Les notions du mode discret, de dynamique continue dans chaque mode et de la transition d'un mode à un mode successeur permettent de représenter, le principe de fonctionnement du système (2.5) par la structure générique de la Figure .3. Par ailleurs, l'association d'un réseau de Petri discret aux places et transitions différentielles donne aussi une structure modulaire identique à celle de la Figure.3. Cette remarque nous permet de constater une similitude entre les deux structures et de chercher naturellement à proposer une méthodologie générique de modélisation, via les *RdPdf*, en s'intéressant à chacune des trois parties.

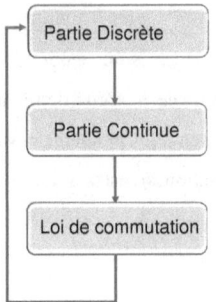

**Figure.3. Schéma bloc du SDH**

### 2.3.1. Description de la partie discrète d'un SDH par les RdPdf

Conformément à la structure de la Figure.3, la partie discrète du SDH sera décrite par un réseau de Petri discret ordinaire. Ainsi, la Figure 4 représente une modélisation possible de la partie discrète d'un SDH de $n$ mode présenté par $n_{PD} \in N$ places discrètes et $m \in N$ transitions discrètes exprimant le passage d'un mode à un autre.

Le franchissement de chaque transition discrète est conditionné, à la fois, par la présence d'un jeton dans la place en amont de la transition considérée et du résultat issu du test de la validité de la condition de commutation, que nous allons aborder sa structure après la description de la partie continue du SDH

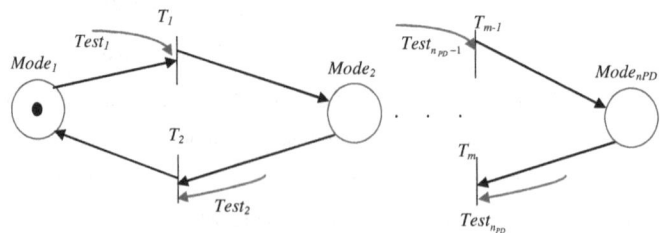

**Figure. 4. Modèle de la partie discrète**

44

Une fois la partie discrète est illustrée, nous passerons à la description de la partie continue.

### 2.3.2. Description de la partie continue d'un SDH par les RdPdf

Les transformations effectuées sur la partie différentielle se résument dans l'ajout de transitions différentielles liées à la commande. Par conséquent, une modification graphique est mathématique est à effectuer pour pouvoir présenter les SDH à partie continue non autonome. Ainsi, la partie différentielle sera constituée de deux types de transitions différentielles :

1. Des transitions différentielles associées aux vitesses de franchissements correspondants aux variables d'états.

2. Des transitions différentielles associées aux vitesses de franchissements correspondants à la commande.

Par conséquent, les places et les transitions différentielles forment la partie continue du SDH. Ainsi, le modèle de la partie continue est illustré par la Figure.5. En effet, les places différentielles notées $Pdf_{i, i \in \{1, \ldots, np_{Df}\}}$ représentent les variables d'états continues $x_{np_{Df}} \in \Re^{np_{Df}}$. A chaque transition différentielle $dx_{j, j \in \{1, np_{Df}\}}$ et $T_{D_{j, j \in \{1, \ldots np_{Df}\}}}$ est associée une vitesse de franchissement maximal ( $x_{i, i \in \{1, \ldots np_{Df}\}}$ et $u$ ) et un pas d'intégration $h$ utilisé pour la résolution de l'équation différentielle décrivant la dynamique continue de chaque mode. Enfin, les arcs reliant les transitions différentielles $dx_j$ aux places différentielles définissent les composantes de la matrice d'état de chaque sous système. Par contre, les arcs reliant les transitions différentielles $T_{D_j}$ aux places différentielles décrivent les composantes du vecteur commande de chaque sous système.

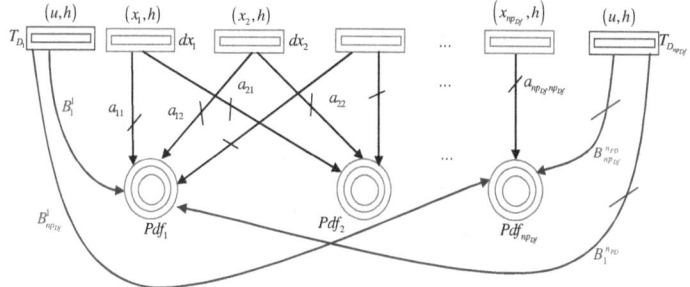

**Figure. 5. Modèle de la partie continue d'un SDH non autonome**

45

Notons que, dans le cas où les vecteurs commandes $B_q$ et $B'_q$ sont nuls, nous obtenons la structure de la Figure.6. Cette dernière correspond à la forme introduite dans [Demongodin et *al*, 96.] [Dvaros et *al*, 2007]. Ainsi les modifications effectuées au niveau de la partie différentielle n'affectent pas le principe de base des *RdPdf*.

Notons aussi que dans le cas autonome, l'expression (2.5) s'écrira sous la forme :

$$\dot{x} = A_q x \qquad\qquad (2.6)$$

Par conséquent, les places différentielles décriront les variables d'états et les transitions différentielles représenteront les dérivées.

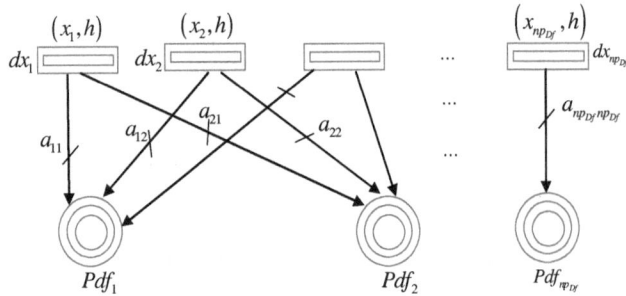

**Figure. 6 Modèle de la partie continue d'un SDH autonome**

### 2.3.3. Description de la partie loi de commutation par les RdPdf

Le lien existant entre la partie discrète et la partie continue est gouverné par une loi de commutation conditionnant le passage d'un mode vers un autre. Les conditions de transitions sont, ainsi, données sous forme de tests logiques à vérifier par rapport à des contraintes données. Ces dernières peuvent être temporelles ou bien liées aux variables d'états ou encore à la commande….

Suite à ces considérations, nous allons expliciter les différents types de tests qui sont en lien directe avec les classes des SDH que l'on considère.

### 2.3.3.1. Modélisation des conditions de transitions entre les différents modes du SDH

En effet, les *RdPdf* offrent la possibilité de représenter le test du passage vers les modes successeurs. Ainsi, les auteurs dans [Demongodin et *al*, 2006] ont élaboré diverses formes de tests dans le cadre de la supervision des systèmes de productions. Ces tests sont :

1. Le test par rapport un front montant du signal en anglais ''upward-level crossing''.
2. Le test par rapport un front descendant du signal en anglais ''downward-level crossing''.
3. Le test ''variation à l'extérieur d'une région''.
4. Le test ''variation à l'intérieur d'une région''.

Le premier, le deuxième et le troisième test décrivent des transitions de la forme $S_q \geq g_q$, $S_q \leq g_q$ ou bien les deux, avec $g_q \in \Re$.

Ces dernières structures correspondent à la division de l'espace d'état en sous ensemble de régions séparées par des frontières $g_q$. Ainsi, la description de ces structures de l'invariant est donnée par la Figure.7 et la Figure 8. Par contre, le dernier test se base sur la vérification de l'inégalité $-g_q \leq S_q \leq g_q$ (Figure. 9).

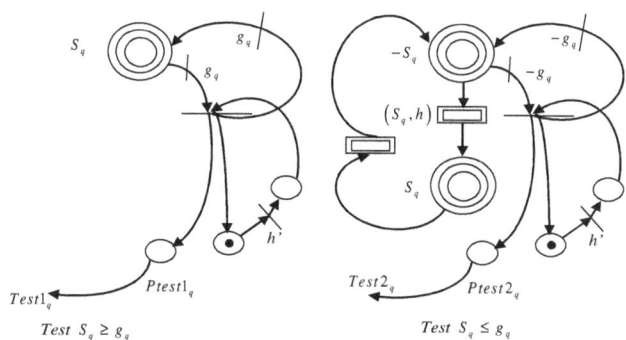

**Figure. 7. Test ''upward-level crossing'' et ''downward-level crossing'' par les *RdPdf***

47

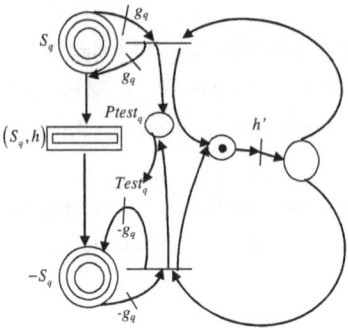

**Figure. 8. Test ''variation à l'extérieur d'une région'' par *RdPdf***

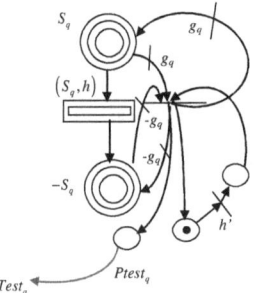

**Figure. 9. Test ''variation à l'intérieur d'une région'' par *RdPdf***

Conformément aux structures graphiques illustrées ci dessus, le processus test est validé si la place $Ptest_q$ contient un jeton. En conséquence, l'une des transitions discrètes de la partie discrète devient franchissable et le basculement vers un nouveau mode devient autorisé. Enfin, notons que le paramètre $h'$ défini la temporisation séparant deux instants de test consécutif, pour plus de détail sur l'évaluation des différents tests nous invitons le lecteur de ce référer à [Demongodin et *al*, 2006].

Nous constatons que l'expression de $S_q$ dépend de la nature des contraintes mises en jeu. Ainsi, dans notre contexte nous allons se limiter aux contraintes liées aux variables d'état, contraintes temporelles et mixtes. C'est l'objectif de la suite de ce chapitre.

### 2.3.3.2. Contraintes liées aux variables d'états

Nous allons aborder dans cette section l'exploitation des tests cités ci-dessus dans le cas où la commutation est en fonction des variables d'état. En effet, la diversité de l'expression de ce type de transition nous oriente vers la classe des systèmes linéaires à commutations et les systèmes linéaires par morceaux. Ces derniers représentent la classe des SDH prise en considération dans notre cas.

### a. Systèmes linéaires à commutations dépendantes de l'état

Etant donnée l'expression de la condition de commutation de la forme:

$$S_q = a_q x_1 + b_q x_2 + .... + z_q x_{np_{Df}} \tag{2.7}$$

avec $a_q, b_q, ..., z_q \in \mathfrak{R}$ et $q \in \{1,...,np_D\}$

Cette dernière définie des hyperplans divisant l'espace d'état en domaine d'évolution de chaque dynamique continue (Figure.10).

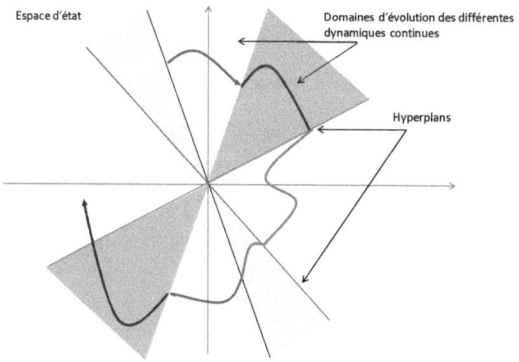

**Figure. 10. Hyperplans**

Ainsi, pour un SDH décrit par (2.5), la dynamique continue change dès que la trajectoire du système coupe l'un des hyperplans. Ce qui explique que la succession des modes est garantie par la vérification de l'expression $S_q = 0$.

L'implémentation de ce test nécessite en premier temps la reconstruction de l'expression (2.7) comme dans [Davrazos et al, 2007]. Cette réalisation est facilement obtenue en utilisant la structure représentée par la Figure.11.

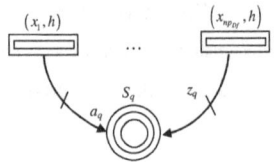

**Figure. 11. Expression de l'hyperplan**

Une fois les hyperplans sont obtenus, les conditions de transitions $S_q = 0$ peuvent être formulées. Pour des raisons de précision, le test sera remplacée par l'inégalité $-\varepsilon \leq S_q \leq \varepsilon$. Par conséquent, le teste '' à l'intérieur d'une région '' s'avère la structure applicable à ce genre de vérification, puisqu'il correspond exactement à l'expression donnée ci-dessus. Précisons que le test $-\varepsilon \leq S_q \leq \varepsilon$ est pratiquement équivalent à la condition de transition car $\varepsilon$ est choisi petit

Finalement, l'association des Figures 9 et 11 forment le bloc de la loi de commutation de la Figure.3.

**b.  _Systèmes linéaires par morceaux_** [Hamdi et _al_, 2008c]

Avec la combinaison de certains tests donnés ci-dessus, associés à un ensemble de transformations graphiques, il est maintenant possible de représenter la classe des systèmes linéaire par morceaux via les _RdPdf_. Dans ce paragraphe, nous allons montrer l'exploitation de cet outil pour la description de cette classe de SDH.

Pour ce type de système, l'expression (2.5) sera décrite par:

$$\dot{x} = A_q x + B_q u \quad x \in R \subseteq \Re \tag{2.8}$$

avec $R$ est l'ensemble des régions dans l'espace d'état.

En effet, selon la forme de l'expression des frontières de l'équation (2.8), les structures des tests seront exploitées et/ou combinées. A titre d'exemple, nous pouvons citer le cas de la condition, rencontrée souvent dans la littérature, qui correspond au produit des variables d'états exprimé par $x_1 x_2 \geq 0$ ou bien par $x_1 x_2 \leq 0$.

Afin d'implémenter ce type de test via un *RdPdf*, il suffit de réaliser le test du signe de chaque variable d'état et d'englober par la suite les cas possible selon le signe du produit. Par conséquent, nous obtenons la condition de la transition par l'association et la combinaison des différents tests déjà présentés. Les Figures.12 et 13 illustrent ce genre de procédure et le résultat du test global est pris en charge par la Figure 14.

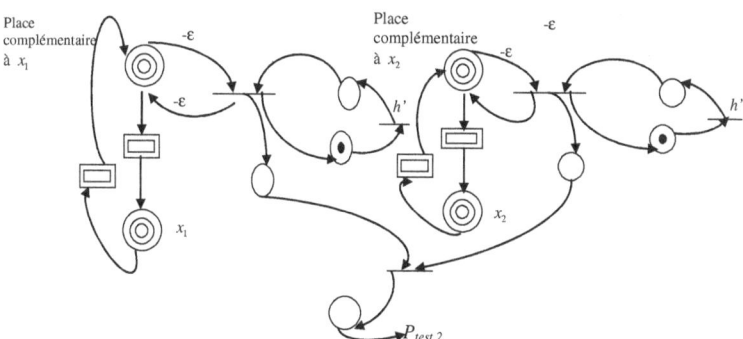

**Figure. 12. Exemple de test de** $x_1 \leq 0$ **et** $x_2 \leq 0$

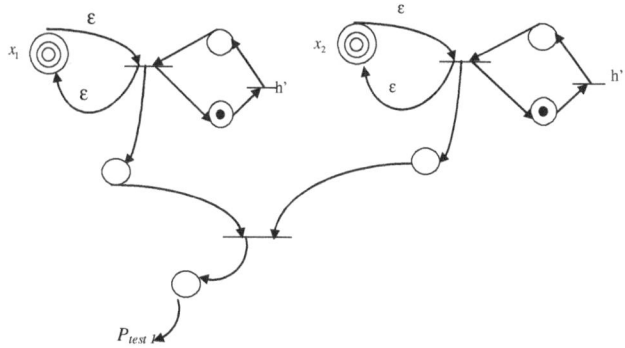

**Figure. 13. Exemple de test de** $x_1 \geq 0$ **et** $x_2 \geq 0$

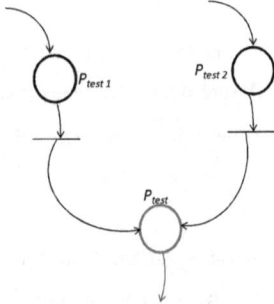

**Figure. 14. test de** $x_1 x_2 \geq 0$

Finalement, quelque soit la classe des SDH, les trois parties (discrète, continue et loi de commutation) sont reliées de part et d'autre par des arcs réalisant les différentes liaisons

*Exemple illustratif*

Afin d'illustrer la structure global du modèle, considérons le cas d'un système à commutation non autonome à deux modes décrit par les dynamiques suivantes :

mode 1 $\dot{x} = \begin{cases} -x_1 + 5x_2 + 0.008u \\ -100x_1 - x_2 - u \end{cases}$

mode 2 , $\dot{x} = \begin{cases} -x_1 - 100x_2 + u \\ -5x_1 - x_2 + 0.2u \end{cases}$

Le basculement entre ces deux modes obéit aux lois de commutations définies par les expressions suivantes :

$S_1 = 2x_1 - x_2 = 0$ et $S_2 = -x_1 - x_2 = 0$

Le système SDH est décrit par le réseau de Petri différentiel de la Figure. 15, illustrant les différents blocs :

- La partie discrète décrite par deux places discrètes $(\text{mode } 1, \text{mode } 2)$ exprimant les modes du SDH. L'alternance de ces derniers est représentée par les transitions discrètes $(T_1, T_2)$.

Elles sont franchissables si l'une des places en amont et des places $Ptest_q$ contiennent un jeton.

- La partie continue décrite par deux places différentielles $(x_1, x_2)$ définissant l'état continu du SDH. Les arcs associés reliant les transitions différentielles aux places différentielles représentent les composantes des matrices d'états $a_q$ et du vecteur commande $b_q$.

- Le troisième bloc réalise l'expression des hyperplans définissant la région d'évolution des modes $mode_q$.

- Le dernier bloc test la validité de la condition de transition. Ce dernier est implémenté en utilisant le test ''intérieur d'une région'' afin de vérifier les expressions $S_1 = 0$ et $S_2 = 0$

Notons que les deux derniers blocs (hyperplan et test) forment le troisième bloc de la Figure .3 correspondant à la loi de commutation.

L'implémentation du modèle sous Matlab, a donné les résultats des Figures. 16 et 17. Ainsi, la Figure 16 représente l'évolution de la partie continue du SDH illustrée par le plan de phase.
La Figure 17 décrit l'alternance entre les deux modes. Cette dernière illustre l'évolution du mode discret du SDH.

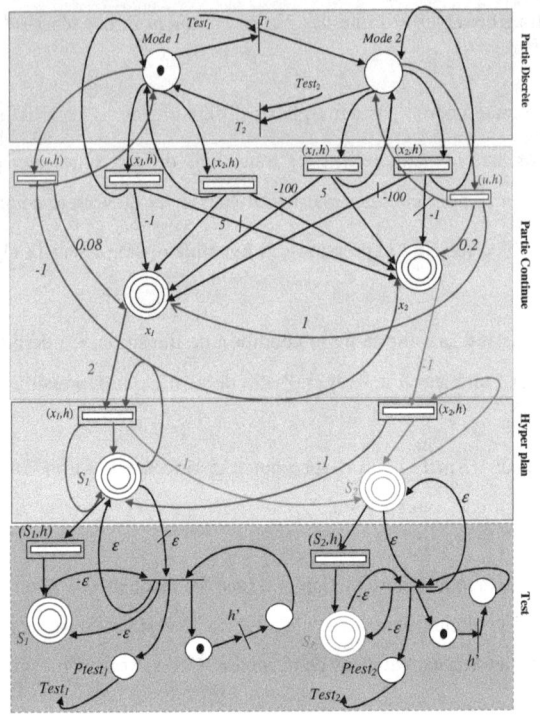

**Figure. 15. Modèle hybride par un RdPdf**

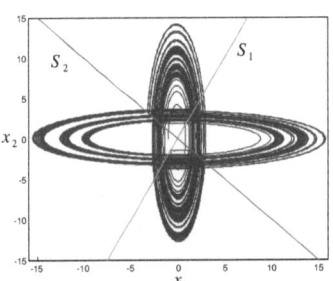

**Figure.16. Plan de phase**

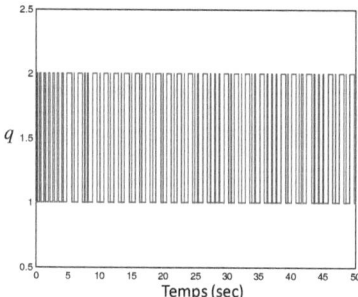

**Figure.17. Mode discret**

A ce niveau, nous avons illustré la modélisation via les *RdPdf* des systèmes linéaires par morceaux et des systèmes linéaires à commutation dépendant de l'état. Il reste à voir comment nous allons procéder pour modéliser les SDH dont la commutation dépend de la contrainte de temps via les *RdPdf*. Aussi, nous allons voir sous quels principes le temps de commutation sera choisi.

Rappelons que l'état continu de ce type de systèmes à commutations évolue sur un intervalle de temps selon une certaine dynamique (parmi un ensemble fini de dynamiques) puis selon une autre sur l'intervalle de temps suivant.

### 2.3.3.3. Contraintes dépendantes du temps et du mixage du temps et de l'état

Avant de passer à la représentation de cette classe de SDH par ce modèle, il est important de préciser que la temporisation dans le cas des réseaux de Petri différentiels est prise en charge par l'application $\Im$. Ainsi, selon la définition des *RdPdf*, cette dernière représente les différents délais associés aux différents types de transitions du réseau global, sauf que dans ce paragraphe, nous nous intéressons aux délais liés aux transitions discrètes de la partie discrète du réseau global.

Le délai associé aux transitions discrètes est une fonction donnée par $\Im(T_j) = d_j$, par conséquent, la transition $T_j$ d'un mode $q_j$ vers un mode $q_{j+1}$, peut survenir uniquement après un temps $d_j$. Ainsi, il est possible d'employer la propriété du temps associé aux transitions discrètes pour modéliser la classe des SDH dont la commutation dépend de la contrainte temps. De ce fait, l'association d'une séquence finie, définissant le délai influençant le franchissement des transitions, implique que le passage d'un mode $q_j$ vers un mode $q_{j+1}$ n'aura lieu que si la condition, portant sur le marquage et sur le temps, soit vérifiée. Par conséquent, sous ces exigences, le réseau de Petri différentiel est vu comme un réseau de Petri différentiel temporel.

### a. Notion du temps de séjours

A partir de là, nous constatons que l'exécution de chaque mode de ce type de SDH va durer au minimum un temps $d_j$, ce qui implique que chaque sous système LTI évolue ou bien séjourne au minimum une durée $d_j$ dans chaque mode discret. Par conséquent, il est évident de penser que ce dernier correspond au temps de séjour. Dés lors, nous mentionnons que le temps séparant deux transitions consécutives correspond aux temps de séjours minimal des sous systèmes.

### b. Définition du temps de séjour

Généralement, pour un système linéaire, la notion du temps de séjours correspond au temps nécessaire au système pour atteindre l'équilibre. Pour un système linéaire à commutation, le temps de séjour est le délai suffisamment long séparant deux commutations pour permettre à l'état de se rapprocher suffisamment de l'origine avant la prochaine commutation [Morse, 96] [Morse, 97].

### c. Principe de modélisation par RdPdf

Afin d'illustrer le principe du modèle via les *RdPdf*, soit un SDH autonome à deux modes discrets décrit par :

$$\begin{cases} \text{mode 1} & \begin{pmatrix} dx_1 \\ dx_2 \end{pmatrix} = \begin{pmatrix} a_{11} & a_{12} \\ a_{21} & a_{22} \end{pmatrix}\begin{pmatrix} x_1 \\ x_2 \end{pmatrix} \\ \text{mode 2} & \begin{pmatrix} dx_1 \\ dx_2 \end{pmatrix} = \begin{pmatrix} a'_{11} & a'_{12} \\ a'_{21} & a'_{22} \end{pmatrix}\begin{pmatrix} x_1 \\ x_2 \end{pmatrix} \end{cases} \tag{2.9}$$

avec $a_{ij}, a_{ij}' \in \mathfrak{R}^{n_{Pdf} \times n_{Pdf}}$ les composantes des matrices d'états des deux dynamiques du système.

Selon la définition du temps de séjours, il est obligatoire de préciser que la constante $d_q$ correspond au temps de séjour minimal de chaque sous système. Ainsi, Pour $t \in [t_0, t_0 + \tau_D]$, nous supposons que le temps $t$ prend la valeur 1 durant l'intervalle $[t_0, t_1)$ et 2 dans l'intervalle $[t_1, t_2)$, avec $t_{j+1} - t_j \geq \tau_D$ et $\tau_D \in \mathfrak{R}^+$ une constante de temps. De ce fait, la condition de commutation du modèle hybride (2.9) sera exprimée comme suit :

- Le mode 1 correspond au cas où : $t_{j+1} - t_j \geq d(A_1)$

- Le mode 2 correspond au cas où : $t_{j+2} - t_{j+1} \geq d(A_2)$

Dans de telles circonstances, le système hybride est modélisé par le réseau de la Figure.18.

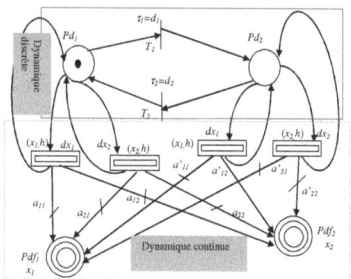

**Figure. 18. Modèle d'un SDH par un *RdPdf***

Par contre, dans le cas d'une contrainte mixte, la condition de commutation résulte du mixage des deux cas illustrés dans les sections précédentes au sein d'une seule condition de transition [Hamdi et *al*, 2009b].

Ainsi, sous ces condition le SDH (2.9), évolue selon la stratégie suivante :

- Le SDH évolue dans le mode 1 si $t_{j+1} - t_j \geq d(A_1)$ et $S_1$

- Le SDH évolue dans le mode 2 si $t_{j+2} - t_{j+1} \geq d(A_2)$ et $S_2$

Par conséquent, comme il est mentionné dans la Figure. 19, le changement du mode du SDH dépend de la validité des points suivants :

1. La contrainte temps est vérifiée.

2. L'existence du jeton dans la place discrète correspondante à la transition discrète à franchir.

3. La validité du test lié aux variables d'états.

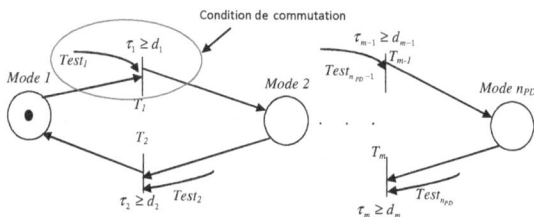

**Figure. 19. Partie discrète d'un SDH à commutation mixte par *RdPdf***

En effet, nous n'avons présenté que la partie discrète, dans le but d'illustrant la condition de commutation. Les autres parties du modèle global ont été déjà évoquées et illustrées dans les paragraphes précédents.

## 2.4. Détermination du temps de séjours

Avant d'illustrer la méthode du calcul du temps de séjour, nous proposons d'effectuer une petite analyse sur les équations mathématiques de l'outil de modélisation utilisé dans notre contexte. Cette analyse a pour but de réécrire les représentations d'états en fonction du marquage discret du *RdPdf*.

### 2.4.1. Interaction entre la partie continue et la partie discrète

Afin d'éclaircir ce point, partons de l'équation (2.4), décrivons le marquage global du réseau. En effet, l'équation (2.4) peut être découplée en deux parties de la forme :

$$M^D(t_k) = M^D(t_i) + W^D \sigma(t_k) \tag{2.10}$$

$$M^{Df}(t_k) = M^{Df}(t_0) + W^{Df} \int_{t_0}^{t_k} \begin{bmatrix} v_1(\tau) \\ v_2(\tau) \end{bmatrix} d\tau \tag{2.11}$$

Telle que, la matrice d'incidence différentielle est constituée de deux matrices différentielles :

$W^{E_{Df}}$ : matrices bloc d'incidences différentielles d'états du SDH.

$W^{C_{Df}}$ : matrices bloc d'incidences différentielles commandes du SDH.

Bien que, l'équation (2.4) permette de calculer les marquages discrets et différentiels, elle n'assure aucune relation directe entre les matrices gouvernant la dynamique continue et le marquage discret représentant le mode actif.

Afin de déterminer la dynamique continue courante en fonction du marquage discret, nous procédons avec un SDH à deux modes pour faciliter l'étude de l'analyse. Nous généralisons par la suite les résultats pour le cas de $n$ modes avec $n \in \mathbb{N}$.

Dans de telles conditions, soit le SDH décrit par (2.5) dont le marquage discret est donné par $M^D \begin{bmatrix} M_1^D & M_2^D \end{bmatrix}$, tel que $M_{q, q \in \{1,2\}}^D$ peuvent avoir comme valeur 0 et 1 selon le mode discret actif, les matrices d'incidences différentielles sont de la forme :

$$W^{E_{Df_1}} = \begin{bmatrix} a_{11} & a_{12} \\ a_{21} & a_{22} \end{bmatrix} \text{ et } W^{E_{Df_2}} = \begin{bmatrix} a_{11'} & a_{12'} \\ a_{21'} & a_{22'} \end{bmatrix}, w^{C_{Df_1}} = \underbrace{\begin{bmatrix} B_1 \\ B_2 \end{bmatrix}}_{B_1} \text{ et } w^{C_{Df_2}} = \underbrace{\begin{bmatrix} B_{1'} \\ B_{2'} \end{bmatrix}}_{B_2}$$

Notons que, les expressions de (2.10) et (2.11) résultent du fait que les matrices $W^{DfD}$ et $W^{DDf}$ sont nulles. En effet, la matrice $W^{DfD}$ est nulle du fait que les matrices *Pre* et *Post* sont égaux (vue l'existence des arcs de part et d'autre entre les transitions différentielles et les places discrètes). Par contre, pour la deuxième matrice $W^{DDf}$, il n'existe aucun lien entre les transitions discrètes et les places différentielles.

Ainsi, procédons à la dérivation de (2.11):

$$\dot{M}^{Df} = W^{Df} v(t) \tag{2.12}$$

Multiplions maintenant la matrice $W^{Df}$ par une matrice $Zz_q$ et sa transposée. Ceci donne :

$$\dot{M}^{Df} = W^{Df} \underbrace{Zz_q Zz_q^T}_{I} v(t) \tag{2.13}$$

Avec $I$ est la matrice identité qui a la même dimension que la matrice $W^{Df}$.

Pour que le produit résultant donne la dynamique active du SDH en fonction du marquage discret, automatiquement les composantes de la matrice $Zz_q$ doivent avoir un lien direct avec le marquage discret. Par conséquent, la matrice $Zz_q$ est choisie de la forme :

$$
Zz_q = \begin{bmatrix} M_1^D & 0 & 0 \\ 0 & M_1^D & 0 \\ 0 & 0 & M_1^D \\ M_2^D & 0 & 0 \\ 0 & M_2^D & 0 \\ 0 & 0 & M_2^D \end{bmatrix}
$$

(2.14)

d'où:

$$
Zz_q = M^D \otimes I
$$

(2.15)

avec le symbole $\otimes$ définit le produit kronecker et $I$ est la matrice identité de dimension $n_{T_{Dfg}} \times n_{T_{Dfm}}$, avec $n_{T_{Dfg}}$ est le nombre de transitions différentielles global dans la partie différentielle du réseau et $n_{T_{Dfm}}$ est le nombre de transitions différentielles dans un mode.

Remplaçons la matrice d'incidence différentielle et les matrices $Zz_q$ et $Zz_q^T$ par leurs valeurs dans (2.13):

$$
\dot{M}^{Df}(t) = \begin{bmatrix} a_{11} & a_{12} & B_1 & a_{1'1'} & a_{12'} & B_{1'} \\ a_{21} & a_{22} & B_2 & a_{21'} & a_{22'} & B_{2'} \end{bmatrix} \begin{bmatrix} M_1^D & 0 & 0 \\ 0 & M_1^D & 0 \\ 0 & 0 & M_1^D \\ M_2^D & 0 & 0 \\ 0 & M_2^D & 0 \\ 0 & 0 & M_2^D \end{bmatrix} \begin{bmatrix} M_1^D & 0 & 0 \\ 0 & M_1^D & 0 \\ 0 & 0 & M_1^D \\ M_2^D & 0 & 0 \\ 0 & M_2^D & 0 \\ 0 & 0 & M_2^D \end{bmatrix}^T \begin{bmatrix} v_1 \\ v_2 \\ v_3 \\ v_4 \\ v_5 \\ v_6 \end{bmatrix}
$$

(2.16)

avec:

$$
v = \begin{bmatrix} v_1 \\ v_2 \\ v_3 \\ v_4 \\ v_5 \\ v_6 \end{bmatrix}
$$ le vecteur de vitesse de franchissement des transitions différentielles.

Après développement de (2.16), nous obtenons :

$$\dot{M}^{Df}(t) = \begin{bmatrix} M_1^D a_{11} + M_2^D a_{1'1'} & M_1^D a_{12} + M_2^D a_{12'} & BB_1 M_1^D + BB_{1'} M_2^D \\ M_1^D a_{21} + M_2^D a_{21'} & M_1^D a_{22} + M_2^D a_{22'} & BB_2 M_1^D + BB_{2'} M_2^D \end{bmatrix}$$
$$\begin{bmatrix} M_1^D v_1 + M_2^D v_4 \\ M_1^D v_2 + M_2^D v_5 \\ M_1^D v_3 + M_2^D v_6 \end{bmatrix} \tag{2.17}$$

Sachons que $v_1 = v_4$ et $v_2 = v_5$ et quand $v_1$ et $v_2$ sont maximales, elles sont équivalentes aux variables d'états du système.

De même $v_3 = v_6$ et quand elles sont maximales, elles sont équivalentes à la commande du système.

Alors, nous aurons :

$$\dot{x}(t) = \begin{bmatrix} M_1^D a_{11} + M_2^D a_{1'1'} & M_1^D a_{12} + M_2^D a_{12'} \\ M_1^D a_{21} + M_2^D a_{21'} & M_1^D a_{22} + M_2^D a_{22'} \end{bmatrix}\begin{bmatrix} x_1 \\ x_2 \end{bmatrix} + \begin{bmatrix} M_1^D BB_1 + M_2^D BB_{1'} \\ M_1^D BB_2 + M_2^D BB_{2'} \end{bmatrix} u \tag{2.18}$$

Ainsi pour $M_1^D = 1, M_2^D = 0$, le résultat du produit correspond à la dynamique du premier mode. Ce qui permet de conclure que le mode courant du SDH est le mode 1. En outre, dans le cas contraire, c'est la dynamique du second mode qui est actif.

Ainsi, à partir de l'équation (2.18), nous obtenons (2.19):

$$\dot{x}(t) = \begin{bmatrix} a_{11} & a_{12} & a_{1'1'} & a_{12'} \\ a_{21} & a_{22} & a_{21'} & a_{22'} \end{bmatrix}\left(\underbrace{\begin{bmatrix} M_1^D \\ M_2^D \end{bmatrix}}_{M^D} \otimes I_{np_{Df}}\right)\begin{bmatrix} x_1 \\ x_2 \end{bmatrix} + \begin{bmatrix} BB_1 & BB_{1'} \\ BB_2 & BB_{2'} \end{bmatrix}\underbrace{\begin{bmatrix} M_1^D \\ M_2^D \end{bmatrix}}_{M^D} u \tag{2.19}$$

Par conséquent, nous obtenons l'expression (2.20) :

$$\dot{x}(t) = W^{E_{Df}}\left(\underbrace{\begin{bmatrix} M_1^D \\ M_2^D \end{bmatrix}}_{M^D} \otimes I_2\right)\begin{bmatrix} x_1 \\ x_2 \end{bmatrix} + W^{C_{Df}}\underbrace{\begin{bmatrix} M_1^D \\ M_2^D \end{bmatrix}}_{M^D} u \tag{2.20}$$

Maintenant, généralisons pour le cas de $np_{Df}$ mode. Ainsi, à partir de (2.20), nous aurons le cas général :

$$\dot{x}(t) = W^{E_{Df}} \left( M^D \otimes I_{np_{Df}} \right) x + W^{C_{Df}} M^D u \tag{2.21}$$

Posons $A_q = W^{E_{Df}} \left( \left( W^D \sigma \right) \otimes I_{np_{Df}} \right)$ et $b_q = W^{C_{Df}} W^D \sigma$

où nous avons $Z_q^{Etat} = \left( W^D \sigma \right) \otimes I_{np_{Df}}$ et $Z_q^{Com} = W^D \sigma$

Nous constatons bien que l'expression (2.21) est équivalente à la représentation d'état non autonome du système hybride.

En conclusion, dans chaque mode $q \in \{1,2,..,n_{PD}\}$ et quelque soit la condition de transition, l'état continu de la classe des SDH non autonomes est décrit par:

$$\dot{x}(t) = A_q x(t) + b_q u \quad \text{pour} \quad q = 1,2,...,n_{PD} \tag{2.22}$$
$$y(t) = C_q x(t)$$

où $q$ est le mode discret (fonction du marquage discret), $y(t) \in \Re^p$ représente le vecteur de la sortie continue du système hybride, $x(t) \in \Re^{np_{Df}}$ est le vecteur d'état, $b_q \in \Re^{np_{Df}}$, $C_q \in \Re^{p \times np_{Df}}$, les matrices dépendantes du mode courant et $u$ est la commande à l'entrée du système.

Nous remarquons que si le terme $b_q$ est nul, nous aboutissons à une représentation d'état autonome de la forme :

$$\dot{x}(t) = A_q x(t) \quad \text{pour} \quad q = 1,2,...,n_{PD} \tag{2.23}$$

Nous pouvons facilement démontrer que la matrice $A_q$ à la même expression que celle du cas non autonome.

Partons de l'équation (2.19) et posons $B_q = 0$, nous aurons l'expression suivante :

$$\dot{x}(t) = \begin{bmatrix} a_{11} & a_{12} & a_{1'1'} & a_{12'} \\ a_{21} & a_{22} & a_{21'} & a_{22'} \end{bmatrix} \left( \underbrace{\begin{bmatrix} M_1^D \\ M_2^D \end{bmatrix}}_{M^D} \otimes I_{np_{Df}} \right) \begin{bmatrix} x_1 \\ x_2 \end{bmatrix} \tag{2.24}$$

L'analyse de (2.24) nous conduit à déduire que nous aboutissons au résultat développé dans [Davrazos al, 2007].

Notons également que le marquage discret du *RdPDf* est directement lié au mode discret du SDH et décrit par l'expression (2.25)

$$\begin{cases} M^D_{\imath_{k+1}} = M^D_{\imath_k} + W^D \sigma_{\imath_{k+1}} \\ \psi(t_k) = M^D_{\imath_k} \end{cases} \qquad (2.25)$$

## 2.4.2. Condition du calcule du temps de séjour

La détermination du temps de séjours impose que les sous systèmes soient stables. Ainsi, l'existence de cette contrainte s'appuie sur la validité de deux théorèmes que nous allons proposer dans cette section. Le premier théorème concerne le cas des SDH non autonomes, tandis que le deuxième s'applique dans le cas des SDH autonomes.

**Théorème.2.1**

*Si tous les sous-systèmes de (2.22) sont stables, le système hybride décrit par (2.22) est exponentiellement stable, si pour tout couple $(t_k, t_{k+1})$, il existe des constantes réelles $\xi_q > 0$, $\tau_q > 0$, des matrices symétriques $P_q = P_q^T > 0$ et $P_{q'} = P_{q'}^T > 0$ et un temps de séjour minimal $d_q$ satisfaisant :*

$$\begin{bmatrix} A_q^T P_q + P_q A_q + 2\xi_q P_q + \tau_q I & P_q b_q \\ b_q^T P_q & -\tau_q I \end{bmatrix} < 0 \qquad (2.26)$$

$$d_q \geq \frac{\log c}{2\xi_q} \qquad (2.27)$$

*Avec $c = \dfrac{\theta_{q'}}{\alpha_q}$ où $\alpha_q, \theta_{q'}$ représentent les valeurs propres minimales et maximale des matrices $P_q$ et $P_{q'}$.*

*Preuve*

Soit la fonction de Lyapunov multiple défini par:

$$V_q \left( x\left( t \right) \right) = x^T P_q x \qquad (2.28)$$

Le système hybride est stable si la condition suivante est vérifiée :

$$\dot{V}_q \left( x\left( t \right) \right) < -2\xi_q x^T P_q x \qquad (2.29)$$

À partir des équations (2.28) et (2.29), nous pouvons écrire :

$$\left( A_q x + b_q u \right)^T P_q x + x^T P_q \left( A_q x + b_q u \right) < -2\xi_q x^T P_q x \qquad (2.30)$$

Développons (2.30):

$$x^T \left( A_q^T P_q + P_q A_q \right) x + u^T b_q^T P_q x + x^T P_q b_q u + 2\xi_q x^T P_q x < 0 \qquad (2.31)$$

Ce qui est équivalent à :

$$\begin{bmatrix} x \\ u \end{bmatrix}^T \begin{bmatrix} A_q^T P_q + P_q A_q + 2\xi_q P_q & P_q b_q \\ b_q^T P_q & 0 \end{bmatrix} \begin{bmatrix} x \\ u \end{bmatrix} < 0 \qquad (2.32)$$

D'un autre côté la variable d'état $x$ dépend de la commande $u$. De ce fait elle doit satisfaire la condition (2.33)

$$u^T u < x^T x \qquad (2.33)$$

Cette dernière peut être réécrite sous forme quadratique :

$$\begin{bmatrix} x \\ u \end{bmatrix}^T \begin{bmatrix} I & 0 \\ 0 & -I \end{bmatrix} \begin{bmatrix} x \\ u \end{bmatrix} > 0 \qquad (2.34)$$

Ainsi, en posant :

64

$$R_1 = \begin{bmatrix} I & 0 \\ 0 & -I \end{bmatrix} \tag{2.35}$$

et en appliquant le lemme de S-Procédure [Boyd, 95] à (2.32) et (2.35), nous aurons :

$$\begin{bmatrix} A_q^T P_q + P_q A_q + 2\xi_q P_q + \tau_q I & P_q b_q \\ b_q^T P_q & -\tau_q I \end{bmatrix} < 0 \tag{2.36}$$

Ce qui implique la première condition.

Pour la deuxième condition, l'équation (2.28) est bornée par deux constantes réelles $\alpha_q$ et $\theta_q$ [Pettersson, 2005] :

$$\alpha_q |x|^2 \le V_q(x) \le \theta_q |x|^2 \tag{2.37}$$

Posons $\xi_q = \dfrac{1}{2\theta_q}$, la dérivée de la fonction de Lyapunov s'écrit alors :

$$\dot{V}_q(x(t)) \le -2\xi_q V_q(x(t)) \tag{2.38}$$

Supposons que le système est dans le mode $q$ dans l'intervalle de temps $[t_0, t_0 + t_{k+1} - t_k]$, l'intégration de l'équation (2.38) donne :

$$V_q(x(t_0 + d_q)) \le e^{-2\xi_q d_q} V_q(x(t_0)) \tag{2.39}$$

Sachant que pour toutes les commutations la fonction de Lyapunov satisfait la condition suivante [Decarlo, 2000] :

$$V_q \le \rho V_{q'}, \forall q \ne q' \tag{2.40}$$

Supposons que le mode $q$ est actif durant $[t_0, t_1)$ et le mode $q'$ est actif durant $[t_1, t_2)$, des équations (2.37), (2.39) et (2.40), nous aurons:

$$V_q\left(x\left(t_2\right)\right) \le \theta_q \left\|x\left(t_2\right)\right\|^2 \le \frac{\theta_q}{\alpha_{q'}} V_{q'}\left(x\left(t_2\right)\right) \le \frac{\theta_q}{\alpha_{q'}} e^{-2\xi_{q'}'d_{q'}} V_{q'}\left(x\left(t_1\right)\right)$$

Ce qui donne :

$$V_q\left(x\left(t_2\right)\right) \le \frac{\theta_q}{\alpha_{q'}} e^{-2\xi_{q'}'d_{q'}} V_{q'}\left(x\left(t_1\right)\right) \qquad (2.41)$$

De l'équation (2.41) le temps de séjour pour un mode $q$ est donné par :

$$d_q \ge \frac{\log c}{2\xi_q} \qquad (2.42)$$

∎

### 2.5.   Résultats de simulation
**$1^{er}$ Cas d'étude**

Afin d'illustrer la méthode proposée, soit le système hybride à deux modes de l'exemple précédent.

Les valeurs propres des deux sous systèmes sont : $\lambda = -1 \pm 22.3067i$, nous constatons que les parties réelles sont négatives. Par conséquent, les sous systèmes du SDH sont stables. En revanche, le zoom appliqué sur le plan de phase de la Figure.16 donne le graphe de la Figure.20. Cette dernière illustre que le SDH sous les conditions de commutations dépendantes de l'état est instable.

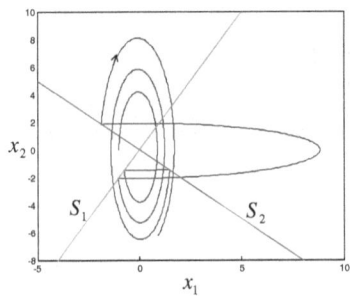

**Figure.20. Plan de phase du SDH sans le temps de séjour**

La résolution des LMI (2.26) et l'exploitation de (2.27) impliquent que la stabilisation du système nécessitera un temps de séjour minimal $d_1 = 7,5830s$ dans le mode 1 et un temps de séjour minimal $d_2 = 7,0647$ dans le mode 2.

Les résultats obtenus en respectant ces conditions sont donnés par les Figure. 22 et 23. Ces derniers illustrent parfaitement l'effet de la commutation mixte. La comparaison des Figures.16 et 22 indique que l'association de la contrainte du temps avec les conditions de commutations, réduit le nombre de commutations (les commutations rapides sont éliminées). Par conséquent, le système séjourne suffisamment dans chaque mode. Cette caractéristique conduit à la stabilisation du système. La Figure.23 illustre parfaitement cette particularité.

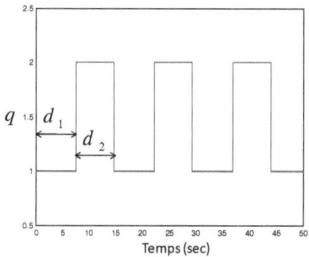

**Figure.22. Mode discret avec temps de séjour**

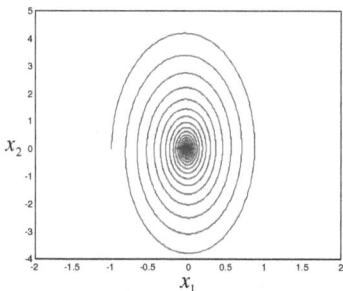

**Figure.23. Plan de phase dans le cas d'une commutation mixte**

Dans le cas des SDH autonomes, le temps de séjour obéit aux conditions données par le théorème 2.2 qui a le même principe que le théorème 2.1. Notons aussi que la démonstration du second théorème (théorème 2.2) découle directement de celle du premier théorème.

***Théorème. 2.2*** [Hamdi et *al*, 2008c] [Hamdi et *al*, 2009a]

*Si tous les sous-systèmes du SDH (2.23) sont stables, le SDH décrit par (2.23) est exponentiellement stable si pour tout couple de temps $(t_k, t_{k+1})$, il existe des constantes réelles $\zeta_q > 0$, des matrices $P_q = P_q^T > 0$ et $P_q' = P_q'^T > 0$, des constantes réelles suffisamment large $d_q > 0$ satisfaisant les inégalités :*

$$A_q^T P_q + P_q A_q < -2\zeta_q P_q \tag{2.43}$$

$$d_q \geq \frac{\log c}{2\zeta_q} \tag{2.44}$$

**Preuve**

En partant du fait que le SDH (2.23) est stable, du fait que le terme $b_q$ est nul, l'expression (2.43) est déduite de l'équation (2.30).

La procédure de la démonstration de l'expresse (2.44) est la même que celle du théorème 2.1

■

*2$^{ème}$ Cas d'étude*

Afin d'illustrer le principe de la commutation mixte pour le cas des SDH autonomes, considérons le même exemple que dans le cas non autonome et inversons la condition de commutation.

Sans considération de la contrainte temps, la Figure. 24, illustre que le système est instable sous la nouvelle loi de commutation. La Figure.25, montre que, sous l'effet de la commutation en fonction de l'état, l'alternance entre les deux modes du SDH est très rapide.

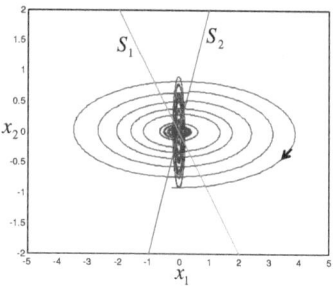

**Figure. 24. Plan de phase**

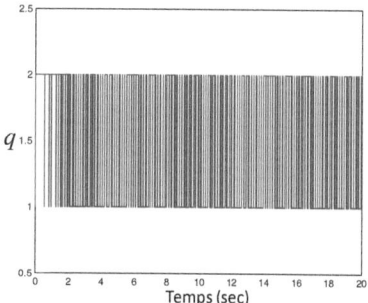

**Figure.25. Mode discret**

En intégrant la contrainte du temps dans le modèle *RdPdf*, et en appliquant du théorème.2.2, nous obtenons les valeurs des temps de séjour permettant de stabiliser le système. Ces derniers sont respectivement $d_1 = d_2 = 5.2074$ s

Par conséquent, l'association de la contrainte du temps avec la condition de commutation nous permet d'obtenir les résultats de simulation du modèle *RdPdf* dans le cas mixte :

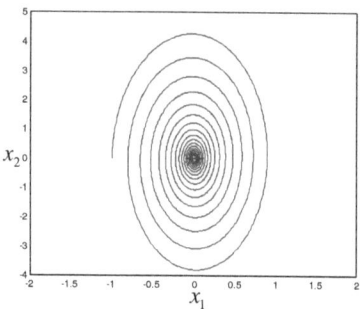

**Figure. 26. Plan de phase avec contrainte du temps de séjour**

Nous constatons bien que la contrainte du temps de séjour a stabilisé le SDH en plus elle a réduit le taux de commutation comme il est indique par la Figure. 27.

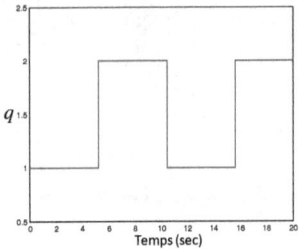

**Figure. 27. Mode discret**

## 2.6. Conclusion

Dans ce chapitre, nous avons présenté l'outil de modélisation pris en charge dans notre travail (*RdPdf*). Ce dernier combine les avantages des réseaux de Petri discrets et des réseaux de Petri continus, en fournissant ainsi, la description des processus continus associés au processus à évènement discret dans un modèle unifié. De ce fait, le réseau de Petri discret décrit les modes discrets du SDH, les places et les transitions différentielles décrivent la partie continue.

Pour la description de la partie continue du SDH, nous avons vu qu'avec des transformations apportées à la partie différentielle, les *RdPdf*. peuvent maintenant décrire une large classe des SDH. En parallèle, les modifications graphiques sont associées à des transformations mathématiques pour obtenir les représentations usuelles utilisées dans l'automatique classique. De ce fait, une représentation d'état en fonction de la partie discrète a été obtenue.

Egalement, nous avons illustré les procédures à suivre pour la modélisation des systèmes linéaires par morceaux et les systèmes linéaires à commutations dépendant de l'état, du temps et des deux (i.e. état et temps). Dans le cas des systèmes à commutations dépendant du temps ou mixte, la condition de transition entre les différents modes du SDH dépend de la contrainte du temps de séjours minimal de chaque sous système. Ainsi, Pour la détermination de la contrainte de commutation temporelle, nous avons proposés une méthodologie s'appuyant sur le principe de stabilité des sous systèmes constituant le SDH et garantissant la stabilité exponentielle du système global. En conséquent, des conditions de stabilité des SDH autonome et non autonome ont été énoncées sous forme de théorèmes. L'un de ces résultats a fait le sujet de nos contributions [Hamdi et al, 2008a] [Hamdi et al, 2009a].

Une fois le modèle est établi, il nous reste à présent de passer à la synthèse de l'observateur hybride qui a pour but d'estimer conjointement l'état continu et le mode discret pour une large classe des SDH. La réalisation de cette tâche sera illustrée dans le chapitre suivant.

## Chapitre 3

# Synthèse d'observateurs hybrides

## Introduction

Dans la majorité des processus industriels, la commande du système nécessite l'utilisation des mesures d'entrées, de sorties et/ou des états internes. Ceci suppose la disponibilité de l'ensemble de ces mesures. Cependant, il arrive souvent que l'ensemble des mesures ne soit pas accessible, que la structure du système ne permette pas de disposer de capteurs, ou que le coût de ces derniers ne soit pas économiquement rentable (i.e. prix de revient, coût de la maintenance, ...). Un recours à des observateurs (capteurs informatiques) pour l'estimation ou la reconstruction de la mesure désirée peut s'avérer très avantageux.

Bien que le problème d'estimation d'état ait atteint une certaine maturité dans les domaines des systèmes continus [Luenberger, 1971] et des systèmes à événements discrets [Ramadge, 1989] [Gia, 2001a] [Gia, 2001b], beaucoup de points concernant la synthèse d'observateurs hybrides, méritent d'être approfondis. En effet, ces derniers devront estimer à la fois l'état continu et l'état discret du système. Ce problème ouvert reste encore un défi qui motive plusieurs chercheurs de la communauté des automaticiens.

Dans ce cadre, nous trouvons dans la littérature, une panoplie d'approches traitant de la synthèse d'observateurs hybrides. Nous pouvons citer par exemple [Alessandri et *al,* 2001] [Balluchi et *al,* 2001] [Babaali, 2004a] [Saadaoui et *al,* 2006a] [Pina, 2006] [Selçuk, 2009]...
Ces approches peuvent être classées en deux grandes familles : celles supposant la connaissance de l'état discret (mode discret) à chaque instant [Alessandri et *al,* 2001] [Juloski, 2003a], et celles s'affranchissant de cette hypothèse et qui estiment l'état discret et continu à la fois [Balluchi et *al,* 2002a] [Pettersson, 2005] [Birouche et *al,* 2006a] [Petersson, 2006]. C'est dans cette dernière catégorie que s'inscrivent les contributions de ce chapitre de thèse.

En effet, la disponibilité du mode discret simplifie la synthèse de l'observateur et de ce fait, le recours aux approches classiques de synthèse d'observateurs continus devient naturel. Notons, que la difficulté majeure dans ce cadre concerne la détermination des conditions de convergence de l'observateur hybride en tenant compte de l'ensemble des modes. Sous cette hypothèse, la plupart des approches proposées, s'appuie sur l'existence d'une fonction de Lyapunov commune garantissant la convergence asymptotique de l'erreur d'estimation [Alessandri et al, 2001] [Juloski, 2003a] [Juloski, 2003b]. Toutefois, l'idée de résoudre le problème en se basant sur la recherche d'une fonction unique pour tout le système demeure conservative. D'autres alternatives proposent de chercher une fonction de Lyapunov Multiple [Pettersson, 2005].

En revanche, l'hypothèse de la non connaissance du mode discret, conduit à des techniques qui prennent en charge conjointement l'estimation du mode discret et continue. Ainsi, le problème se résume à l'identification du mode dans lequel évolue le système, et par la suite la dynamique continue correspondante.

La première étude prenant en charge l'estimation de l'état hybride a été proposée dans [Balluchi et al, 2002a]. Celle-ci est basée sur un détecteur de mode, inspiré de la théorie des automates à état finis, et d'un observateur de Luenberger pour l'estimation de l'état continu. A partir de là, plusieurs approches ont été proposées dans la littérature. Celles-ci sont présentées d'une manière synthétique et non exhaustive dans le tableau.1.

| Référence bibliographique | Classe du système étudié | Méthode d'estimation de l'état continue | Méthode de détection du mode discret |
|---|---|---|---|
| Alessandri et al., 2001 | SLAC[1] | Théorie de Lyapunov : conditions sous forme de LMI | Connu |
| Balluchi et al., 2001 | SLAC décrit par les automates hybrides | Les gains de l'observateur sont fixés | Utilisation des résidus pour la détection du mode discret |
| Balluchi et al, 2002a | SLAC (automates hybrides sans initialisation de l'état) | Idem que Balluchi et al, 2001 | Observateur Discret |
| Balluchi et al., 2002b | SLAC avec initialisation de l'état | Idem que Balluchi et al, 2001 | Observateur Discret |

---

[1] SLAC : Systèmes Linéaires à Commutations.

| | | Fonctions de | |
| Pettersson, 2005 | SLAC à temps continu | Lyapunov multiples : formulation LMI | Logique de sélection |
| Pettersson, 2006 | SLAC à temps continu | Conditions sur le temps de séjours | Logique de sélection |
| Juloski *et al.*, 2003b et 2004 | LPM$^2$ à temps continu, temps discret | Fonction de Lyapunov Commune : formulation LMI | Connu |
| Birouche *et al.*, 2006b | LPM à temps discret | Fonctions de Lyapunov multiples | Détection de l'instant de commutation |
| Babaali *et al.*, 2004b | SLAC | Approche Géométrique | Détection de l'instant de commutation |
| Ferrari *et al.*, 2002 | LPM | Estimation à horizon glissant | Logique de sélection |
| Saadaoui et al, 2006b et 2007 | SNLC$^3$ | Etape par étape | Logique de sélection |

**Tableau.1. Synthèse d'observateur hybride autour des SDH déterministe**

D'autre part, les travaux de Balluchi ont été étendus pour l'étude des observateurs hybrides pour la classe des systèmes hybrides stochastiques. Ainsi, [Funiak, 2004] [Hofbaur, 2005] proposent un modèle de système décrit par un ensemble d'automates hybrides probabilistes et un ensemble de filtres de Kalman pour l'estimation des états. Dans le même esprit, les auteurs de [Koutsoukos, 2003] se basent sur un filtre particulier pour estimer la probabilité sur l'état du système.

Ce bref aperçu montre que l'approche par automate hybride a été largement exploitée dans la littérature, mais peu de travaux traitent d'autres alternatives de modélisation hybride notamment les réseaux de Petri qui permettent de s'affranchir de certaines limites des automates.

Dans ce cadre, il existe également plusieurs tentatives récentes. Nous pouvons à titre d'exemple citer les résultats données dans les références [Lefebvre, 2004] [Julvez, 2004b] [Mahulea, 2007]. Dans [Lefebvre, 2004], les auteurs se sont intéressés à l'estimation de la vitesse de franchissement du *RdPC* à vitesse variable modélisant une classe de SDH. Par contre le problème de l'estimation

---

$^2$ LPM : Systèmes Linéaires par Morceaux
$^3$ SNLC : Systèmes Non Linéaires à Commutations

dans [Julvez, 2008], se base sur le principe de l'observabilité structurelle pour l'estimation du marquage du *RdPC* pour n'importe quelle vitesse de franchissement de transition.

Par ailleurs, un RdP interprété a été utilisé pour l'estimation de l'état des systèmes linéaires par morceaux à dynamique continue stochastique dans les travaux de [Eberhard, 2004]. Avec le même type de RdP, un observateur à mode glissant pour une classe de systèmes à commutation a été proposé dans. [Gomez, 2008]. Enfin, une méthode de supervision basée sur un RdP particulaire a été développée dans [Lesire, 2005] [Lesire, 2006] pour estimer l'état du SDH. Cette approche a été de plus appliquée pour détecter des comportements anormaux pour le suivie de l'activité de pilotage [Lesire, 2007].

Après ce bref état de l'art, nous proposons dans la suite de ce chapitre d'exploiter le formalisme de modélisation du chapitre précédent afin de synthétiser des observateurs hybrides pour une large classe de SDH. Dans ce cadre, l'objectif est d'estimer, à tout instant conjointement l'évolution du mode discret et de l'état continu du système à partir d'un jeu de mesures de grandeurs mesurables du système, notamment son entrée et sa sortie. Ainsi, ce chapitre est structuré comme suit : après la description de la problématique nous passerons à l'établissement des approches proposées pour la synthèse de l'observateur hybride. La première étape sera consacrée à la méthodologie de l'estimation du mode discret hybride. Dans la seconde phase, nous nous intéresserons à la synthèse de l'observateur continu, ainsi, nous évoquerons les conditions de convergence de celui-ci pour les SDH autonomes et non autonomes. De ce fait, nous proposerons des approches d'estimation de l'état continu dans les cas ou le système et l'observateur évoluent dans le même mode puis dans différents modes.

## 3.2. Problématique

Précisons que tout le long de ce travail, nous allons considérer la classe de SDH représentée par des systèmes linéaires à commutations puis celle des systèmes linéaires par morceaux non autonomes et autonomes, introduits dans le chapitre.2. La représentation de l'état de ces classes de SDH est donnée dans le cas non autonomes par :

$$\dot{x}(t) = A_q x(t) \qquad \text{pour} \quad q = 1, 2, ..., n_{PD} \tag{3.1}$$
$$y(t) = C_q x(t)$$

et dans le cas non autonome:

$$\dot{x}(t) = A_q x(t) + b_q u \qquad \text{pour } q = 1, 2, \ldots, n_{PD} \tag{3.2}$$

$$y(t) = C_q x(t)$$

où $q$ est le mode discret (fonction du marquage discret dans le ca d'un *RdPdf*), $y(t) \in \Re^p$, le vecteur de la sortie continue du système hybride, $x(t) \in \Re^{np_{Df}}$ est le vecteur d'état, $u$ est l'entrée du système, $b_q \in \Re^{np_{Df}}$, $C_q \in \Re^{p \times np_{Df}}$, les matrices dépendantes du mode courant, données par les expressions suivantes

$$A_q = W^{E_{Df}} \left( \left( W^D \sigma \right) \otimes I_{np_{Df}} \right) \tag{3.3}$$

$$b_q = W^{C_{Df}} W^D \sigma \tag{3.4}$$

$$C_q = W^{S_{Df}} \left( \left( W^D \sigma \right) \otimes I_{np_{Df}} \right) \tag{3.5}$$

Où $W^{E_{Df}}$, $W^{C_{Df}}$ et $W^{S_{Df}}$ sont les matrices d'incidences différentielles associées respectivement à l'état, la commande et la sortie.

Le passage d'un mode à un autre dépend de la fonction $S_q$ qui peut avoir les formes mentionnées dans le précédent chapitre à la section 2.3.3.1 et y compris celle décrite par l'équation (2.7).

Par ailleurs, la partie discrète du SDH est décrite par la représentation d'état suivante:

$$\begin{cases} M^D_{t_{k+1}} = M^D_{t_k} + W^D \sigma_{t_{k+1}} \\ \psi(t_k) = M^D_{t_k} \end{cases} \tag{3.6}$$

Où :

$M^D \in \mathrm{N}^{n_{pD}}$ est le vecteur de marquage discret, $\psi \in \mathrm{N}^{n_{pD}}$ le vecteur de sortie discrète, $\sigma \in \mathrm{N}^m$ le vecteur de franchissement de transition discrète, $m$ le nombre de transitions discrètes.

Il s'agit maintenant de synthétiser un observateur de l'état hybride $(\hat{q}, \hat{x})$. Pour ce faire, nous proposons d'utiliser la structure de l'observateur hybride illustrée sur la Figure 1. Cette dernière est composée de deux blocs d'observateurs :

- *Un observateur discret* qui estime le mode actif $\hat{q} \in Q$.
- *Un observateur continu* qui reconstitue les états continues $\hat{x} \in \Re^{np_{D\!f}}$.

Si nous considérons le SDH décrit par (3.1) respectivement (3.2) et (3.6), la tâche de l'observateur discret est d'estimer le marquage discret du *RdPdf* à partir de la sortie discrète du système hybride. Dans notre cas, ce dernier reçoit comme entrée: l'état observé $\hat{x}$, la sortie $\psi$ (l'entrée discrète $\nu$ est considérée nulle). Conformément au résultat délivré par le premier bloc, l'observateur continu reconstruit l'état continu. Ce dernier sera exploité à nouveau par l'estimateur du mode.

Ainsi, notre tâche se résume à la synthèse d'un estimateur de marquage d'un réseau de Petri discret couplé à un estimateur de l'état continu en tenant compte de l'interaction des deux observateurs.

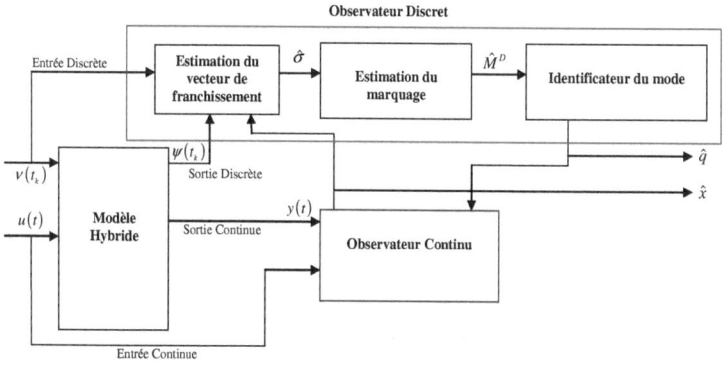

**Figure. 1. Structure de l'observateur hybride à base d'un *RdPdf***

## 3.3. Synthèse de l'observateur hybride

Nous proposons dans cette section de synthétiser un observateur hybride en deux phases :

d'abord, la synthèse d'un observateur à événement discret conçu autour d'un RdP, ensuite un observateur de l'état continu.

### 3.3.1. Synthèse de l'observateur Discret

La plupart des méthodes d'estimation existantes à base de RdPs, se basent soit sur l'observabilité des évènements ou bien sur d'autres hypothèses inspirées des propriétés des RdP. Nous trouvons une variété d'études effectuées dans [Giua, 2001b] [Giua, 2002] [Giua, 2003] [Giua, 2004] [Cabasino, 2007], sous différentes hypothèses.

Aussi, le problème de l'estimation du marquage d'un réseau de Petri en se basant sur les résidus a été considéré dans [Hadjikostis, 2006]. Une autre méthodologie de synthèse d'observateur pour les SED modélisés par un RdP interprété est proposée dans [Salas, 2002].

L'approche que nous proposons pour l'estimation du marquage discret du système est inspirée de celle développée dans [Bourjij, 1999] et s'appuie sur le principe d'un observateur de Luenberger d'ordre réduit. Quant à l'estimation du vecteur de franchissement des transitions, elle est établie sous l'hypothèse de détectabilité de certains évènements.

#### 3.3.1.1. Principe de l'approche

Soit la première équation du système (3.6) décrivant l'évolution du marquage discret d'un réseau de Petri ordinaire :

$$M^D_{t_{k+1}} = M^D_{t_k} + W^D \sigma_{t_{k+1}} \qquad (3.7)$$

Etant donné que les variables d'états d'un processus peuvent être constituées d'un ensemble de composantes mesurables et non mesurables, la partie discrète du *RdPDf* est composée de deux types de places et de transitions: mesurables et non mesurables. Par conséquent, à chaque instant $t_k$ le vecteur de marquage et le vecteur de franchissement peuvent s'écrire sous la forme suivante :

$$M^D_{t_k} = \begin{bmatrix} M^{D_o}_{t_k} \\ M^{D_{\bar{o}}}_{t_k} \end{bmatrix} \text{ et } \sigma^D_{t_k} = \begin{bmatrix} \sigma^{D_o}_{t_k} \\ \sigma^{D_{\bar{o}}}_{t_k} \end{bmatrix} \qquad (3.8)$$

où $M_{t_k}^{D_o} \in \mathbb{N}^{n_{PD_o}}$, $M_{t_k}^{D_{\bar{o}}} \in \mathbb{N}^{\bar{n}_{PD_o}}$, $\sigma_{t_k}^{D_o} \in \mathbb{N}^{m_o}$ et $\sigma_{t_k}^{D_{\bar{o}}} \in \mathbb{N}^{\bar{m}_o}$, sont respectivement le marquage des places mesurables, le marquage des places non mesurables, le vecteur de franchissement des transitions mesurables et le vecteur de franchissement des transitions non mesurables à l'instant $t_k$.

L'expression (3.7) est ainsi équivalente à :

$$\begin{bmatrix} I_{np_D} & -W^D \end{bmatrix} \begin{bmatrix} M_{t_{k+1}}^D \\ \sigma_{t_{k+1}}^D \end{bmatrix} = \begin{bmatrix} I_{np_D} & 0 \end{bmatrix} \begin{bmatrix} M_{t_k}^D \\ \sigma_{t_k}^D \end{bmatrix} \tag{3.9}$$

Des expressions (3.9) et (3.8), la partie discrète du réseau pourra être décrite par un modèle RdP partiellement mesurable de la forme (3.10):

$$\begin{cases} E\Upsilon_{t_{k+1}}^D = A\Upsilon_{t_k}^D \\ \Psi_{t_k} = H\Upsilon_{t_k}^D \end{cases} \tag{3.10}$$

avec :

$$\Upsilon_{t_k}^D = \begin{bmatrix} M_{t_k}^D \\ \sigma_{t_k} \end{bmatrix} \in \mathbb{N}^{n_{pD}+m} \text{ est le vecteur discret global et } \Psi_{t_k} = \begin{bmatrix} M_{t_k}^{D_o} \\ \sigma_{t_k}^{D_o} \end{bmatrix} \in \mathbb{N}^{n_{pD_o}+m_o} \text{ est le vecteur de mesure}$$

discret.

Les matrices $E$ et $A$ sont déduites directement de (3.9) telles que :

$$E = \begin{bmatrix} I_{n_{pD}} & -W^D \end{bmatrix}, A = \begin{bmatrix} I_{n_{pD}} & 0_{n_{pD} \times m} \end{bmatrix}$$

Où $I_{n_{pD}}$ est la matrice identité de dimension $n_{pD}$.

Quant à la matrice $H$, elle se déduit de la deuxième équation du système (3.10) et est donnée par :

$$H = \begin{bmatrix} I_{n_{PD_o}} & 0_{n_{PD_o} \times \bar{n}_{PD_o}} & 0_{n_{PD_o} \times m_o} & 0_{n_{pD} \times m} \\ 0_{m_o \times n_{PD_o}} & 0_{m_o \times \bar{n}_{PD_o}} & I_{mo} & 0_{m_o \times \bar{m}_o} \end{bmatrix}$$

A partir de ces transformations mathématiques, l'estimation à chaque instant du marquage discret de (3.7) dépend de la reconstruction du vecteur global $\Upsilon_{l_k}^D$. Ce dernier sera estimé par l'observateur de Luenberger d'ordre réduit de la forme:

$$\begin{cases} \hat{M}_{l_{k+1}}^D = F\hat{M}_{l_k}^D + G\Psi_{l_k} \\ \hat{\Upsilon}_{l_k}^D = B\hat{M}_{l_k}^D + N\Psi_{l_k} \end{cases} \tag{3.11}$$

Où: $F$, $G$, $N$ et $B$ sont des matrices de dimensions appropriées, qui garantissent la convergence asymptotique de l'observateur.

### 3.3.1.2. Conditions de convergence

Dans cette section, nous présentons les conditions garantissant la convergence de l'observateur discret

***Théorème. 3.1.*** [Bourjij, 99]:

*L'observateur discret (3.11) convergence asymptotiquement s'il existe des matrices $\overline{A}$, $K$, $\overline{H}$, $\overline{A}_2$, $\overline{H}_2$, $\overline{P}_3$, $E^+$, $\overline{P}_1$, $F$, $G$, $B$ et $O$ de dimensions appropriées telle que :*

$$F = \left( \overline{A} - K \times \overline{H} \right) \tag{3.12}$$

$$G = \left( \overline{A}_2 \times \overline{H}_2 + K \times \overline{P}_3 \right) \tag{3.13}$$

$$B = \left( E^+ - \overline{P}_1 \times \overline{H}_2 \overline{H} \right) \tag{3.14}$$

$$O = \left( \overline{P}_1 \times \overline{H}_2 \right)$$

*Preuve*

La démonstration du théorème.3.1 se base sur la condition donnée ci après :

Si le rang $\left( \begin{bmatrix} E \\ H \end{bmatrix} \right) = n_{PD} + m$, il est possible d'écrire la matrice $E$ sous la forme :

$$E\overline{P} = E\begin{bmatrix} E^\dagger & \overline{P}_1 \end{bmatrix} = \begin{bmatrix} I_{n_{PD}} & 0_{n_{PD} \times m} \end{bmatrix} \tag{3.15}$$

où $E^\dagger$ représente la pseudo inverse de la matrice $E$ et elle est caractérisée par $E^\dagger = E^T \left( EE^T \right)^{-1}$,

$\bar{P}_1^T \bar{P}_1 = I_m$.

$\bar{P}_1 = \ker(E) \in \mathfrak{R}^{(n_{PD}+m)m}$ défini le kernel de la matrice $E$. $\bar{P}$ est une matrice de dimension $n_{pD}+m$.

Notons que la démonstration de l'expression (3.15) est donnée dans [Bourjij, 1999].

En partant de l'hypothèse que la matrice $E$ est d'ordre plein, la détermination des gains de l'observateur (3.11), s'effectue en plusieurs étapes

En Pré et Post multipliant l'expression (3.10) par $\bar{P}\bar{P}^{-1}$, nous obtenons :

$$\begin{cases} E\bar{P}\bar{P}^{-1}\Upsilon^D_{t_{k+1}} = A\bar{P}\bar{P}^{-1}\Upsilon^D_{t_k} \\ \bar{P}\bar{P}^{-1}\Psi_{t_k} = H\bar{P}\bar{P}^{-1}\Upsilon^D_{t_k} \end{cases} \tag{3.16}$$

avec $\bar{P}\bar{P}^{-1} = \bar{P}^{-1}\bar{P} = I_{n_{PD}+m}$ et $\bar{P}^{-1}$ l'inverse de $\bar{P}$ définit par :

$$\bar{P}^{-1} = \begin{bmatrix} E \\ \bar{P}_1^T \end{bmatrix} \tag{3.17}$$

En posant maintenant $\bar{P}^{-1}\Upsilon^D_{t_k} = \begin{bmatrix} \bar{\Upsilon}^D_{1_{(t_k)}} \\ \bar{\Upsilon}^D_{2_{(t_k)}} \end{bmatrix}$, $A\bar{P} = \begin{bmatrix} \bar{A}_1 & \bar{A}_2 \end{bmatrix}$ et $H\bar{P} = \begin{bmatrix} \bar{H}_1 & \bar{H}_2 \end{bmatrix}$

En remplaçant dans (3.16), il vient que:

$$\begin{cases} \bar{\Upsilon}^D_{t_{k+1}} = \bar{A}_1\bar{\Upsilon}^D_{1_{(t_k)}} + \bar{A}_2\bar{\Upsilon}^D_{2_{(t_k)}} \\ \bar{\Psi}_{t_k} = \bar{H}_1\bar{\Upsilon}^D_{1_{(t_k)}} + \bar{H}_2\bar{\Upsilon}^D_{2_{(t_k)}} \end{cases} \tag{3.18}$$

Nous aboutissons à une représentation d'état équivalente à la représentation d'état (3.10). Ainsi, de la même manière que précédemment et à condition que la matrice $\bar{H}_2 \in \mathfrak{R}^{(n_{pD_o}+m_o)m}$ soit de rang plein, une Pré et Post multiplication de l'expression (3.18) par une matrice $\bar{P}_2$, mène à:

$$\bar{P}_2 \bar{\Psi}_{t_k} = \bar{P}_2 \bar{H}_1 \bar{\Upsilon}^D_{1_{(t_k)}} + \bar{P}_2 \bar{H}_2 \bar{\Upsilon}^D_{2_{(t_k)}} \tag{3.19}$$

A partir de la deuxième équation de l'expression (3.18) nous aurons :

$$\bar{\Upsilon}^D_{2_{(t_k)}} = \left( \bar{H}_2 \right)^{-1} \left( \bar{\Psi}_{t_k} - \bar{H}_1 \bar{\Upsilon}^D_{1_{(t_k)}} \right) \tag{3.20}$$

En posant $\bar{\bar{H}}_2 = \left( \bar{H}_2 \right)^{-1}$, l'expression (3.20) s'écrit :

$$\bar{\Upsilon}^D_{2_{(t_k)}} = \bar{\bar{H}}_2 \bar{\Psi}_{t_k} - \bar{\bar{H}}_2 \bar{H}_1 \bar{\Upsilon}^D_{1_{(t_k)}} \tag{3.21}$$

A partir des expressions de (3.21) et (3.19) nous pouvons écrire :

$$\bar{P}_2 \bar{\Psi}_{t_k} = \bar{P}_2 \bar{H}_1 \bar{\Upsilon}^D_{1_{(t_k)}} + \bar{P}_2 \bar{H}_2 \bar{\bar{H}}_2 \bar{\Psi}_{t_k} - \bar{P}_2 \bar{H}_2 \bar{\bar{H}}_2 \bar{H}_1 \bar{\Upsilon}^D_{1_{(t_k)}}$$

$$\Rightarrow \left( \bar{P}_2 - \bar{P}_2 \bar{H}_2 \bar{\bar{H}}_2 \right) \bar{\Psi}_{t_k} = \left( \bar{P}_2 - \bar{P}_2 \bar{H}_2 \bar{\bar{H}}_2 \right) \bar{H}_1 \bar{\Upsilon}^D_{1_{(t_k)}} \tag{3.22}$$

En effectuant le changement de variables suivant

$$\bar{P}_3 = \bar{P}_2 - \bar{P}_2 \bar{H}_2 \bar{\bar{H}}_2 \quad \text{et} \quad \bar{P}_2 \bar{H}_2 = \begin{bmatrix} \bar{P}_3 \\ \bar{\bar{H}}_2 \end{bmatrix} \bar{H}_2 \quad \text{avec} \quad \bar{P}_3^T = \ker\left( \bar{H}_2^T \right) \in \Re^{\left( m_o + n_{PD_o} \right) \times \left( n_{PD_o} + m_o - m \right)}$$

Et en remplaçant dans (3.22), nous obtenons :

$$\bar{P}_3 \bar{\Psi}_{t_k} = \bar{P}_3 \bar{H}_1 \bar{\Upsilon}^D_{1_{(t_k)}} \tag{3.23}$$

En effectuant les changements de variables suivants

$$\bar{P}_3 \bar{\Psi}_{t_k} = \bar{\bar{\Psi}}_{t_k} \tag{3.24}$$

$$\begin{cases} \bar{A} = \left( \bar{A}_1 - \bar{A}_2 \times \bar{\bar{H}}_2 \times \bar{H}_1 \right) \\ \bar{P}_3 \bar{H}_1 = \bar{H} \end{cases} \tag{3.25}$$

Ensuite, en remplaçant (3.24) et (3.25) dans (3.23) et en substituant (3.23) dans la première expression de (3.18), nous obtenons le système suivant :

$$\begin{cases} \overline{\Upsilon}^D_{t_{k+1}} = \overline{A}\,\overline{\Upsilon}^D_{1_{(t_k)}} + \overline{A}_2\overline{\Upsilon}^D_{2_{(t_k)}} \\ \overline{\overline{\Psi}}_{t_k} = \overline{H}\,\overline{\Upsilon}^D_{1_{(t_k)}} \end{cases} \tag{3.26}$$

avec $\overline{A} = \overline{A}_1 + \overline{A}_2\overline{\overline{H}}_2\overline{H}_1$ .

Ainsi, pour une paire $(\overline{A},\overline{H})$ détectable, il est possible de synthétiser un observateur donnant les estimées $\hat{M}^D_{t_k}$, $\hat{\Upsilon}^D_{t_k}$ et $\overline{\hat{\Upsilon}}^D_{t_k}$ des vecteurs, $\overline{\Upsilon}^D_{1_{(t_k)}}$, $\overline{\Upsilon}^D_{2_{(t_k)}}$ et de $\overline{\Upsilon}^D_{t_k}$ .

Ce dernier est défini par:

$$\begin{aligned} \hat{M}^D_{t_{k+1}} &= \overline{A}\hat{M}^D_{t_k} + \overline{A}_2 \times \overline{\overline{H}}_2 \times \Psi_{t_k} + K\left(\overline{\Psi}_{t_k} - \overline{H} \times \hat{M}^D_{t_k}\right) \\ \hat{\Upsilon}^D_{t_k} &= \overline{\overline{H}}_2\left(\overline{\Psi}_{t_k} - \overline{H}_1\hat{M}^D_{t_k}\right) \end{aligned} \tag{3.27}$$

Avec $\overline{\hat{\Upsilon}}^D_{t_k} = \begin{bmatrix} E^+ & \overline{P}_1 \end{bmatrix} \begin{bmatrix} \hat{M}^D_{t_k} \\ \hat{\Upsilon}^D_{t_k} \end{bmatrix}$ et le marquage initial de l'observateur discret est donnée par:

$$\hat{M}^D_0 = E\overline{\hat{\Upsilon}}^D_0 \tag{3.28}$$

Finalement, nous aboutissons aux expressions des gains de l'observateur réduit du système (3.27) :

$$F = \left(\overline{A} - K \times \overline{H}\right)$$
$$G = \left(\overline{A}_2 \times \overline{H}_2 + K \times \overline{P}_3\right)$$
$$B = \left(E^+ - \overline{P}_1 \times \overline{H}_2\overline{H}\right)$$
$$N = \left(\overline{P}_1 \times \overline{H}_2\right)$$

Avec K une matrice gain à calculer de manière à ce que $\left(\overline{A} - K \times \overline{H}\right)$ soit stable.

■

Notons que dans notre contexte, le modèle délivre le marquage des places mesurables $M^{D_o}$ et que le vecteur de franchissement des transitions mesurables $\sigma^{D_o}$ sera déterminé en fonction de l'état continu estimé. Ces derniers ($M^{D_o}$ et $\sigma^{D_o}$) représentent les composantes du vecteur $\Psi_{t_k}$ de (3.11). Ainsi, si les conditions du théorème.3.1 sont respectées, la partie non mesurable du marquage discret peut être obtenue et permet de déterminer le marquage discret du *RdPdf*.

Par ailleurs, étant donné que chaque vecteur de marquage correspond à un mode discret unique, le marquage discret du réseau sera injecté à l'entrée de l'identificateur du mode de la Figure.1 afin de mettre à jour l'estimation des variables continues. Le détail concernant l'estimation de ces derniers est donné dans la section suivante.

### 3.3.2.     Synthèse de l'observateur continu

Une fois le mode discret identifié, il est ensuite injecté dans l'observateur continu afin de reconstruire l'état continu. Cependant, dans la plupart des méthodes de synthèse d'observateurs de la littérature [Juloski, 2004] [Babaali, 2004b] [Allesandri, 2001], nous supposons que le système et l'observateur évoluent dans le même mode à tout instant. Ainsi, dans cette section nous allons d'abord considérer dans un premier temps ce cas et par la suite nous proposerons une stratégie d'estimation de l'état continu dans le cas où l'observateur ratte la commutation et ne suit pas le système i.e. ($\hat{q} \neq q$).

Notons que tout le long de ce travail, l'observateur continu sera synthétisé sous les hypothèses suivantes :

*h1*. Le couple $\left( A_q, C_q \right)$ est observable.

*h2*. La loi de commutation est connue et ne dépend que de la variable d'état.

#### 3.3.2.1.  Conditions de convergence de l'observateur d'état continu

*a-L'observateur et le système évoluent dans le même mode*

Considérons l'observateur de Luenberger décrit par :

84

$$\begin{cases} \dot{\hat{x}} = A_q \hat{x}(t) + b_q u(t) + L_q C_q \left( x(t) - \hat{x}(t) \right) \\ y = C_q \hat{x}(t) \end{cases} \tag{3.29}$$

où $L_q$ décrit les gains de l'observateur.

La synthèse de l'observateur s'effectue à partir de la convergence exponentielle de l'erreur d'estimation définie par:

$$\left\| e(t) \right\| \le \lambda_q e^{-\mu_q t} \left\| e(t) \right\| \tag{3.30}$$

avec, $\mu_q, \lambda_q \in \Re$ des scalaires et $\mu_q$ représente la vitesse de convergence de l'erreur d'observation de chaque dynamique continue.

L'équation (3.30) indique que la rapidité de convergence de l'observateur est fonction de $\mu_q$. Ainsi, nous proposons, dans la suite de cette section, une approche basée sur l'optimisation de ce paramètre pour chaque mode du SDH que l'on considère. Pour ce faire, nous proposons le théorème suivant :

**Théorème 3.2:** [Hamdi et al., 2008a, 2008b]

*L'erreur d'estimation du système (3.1) respectivement (3.2) converge exponentiellement vers zéro; s'il existe des matrices définis positives $P_q = P_q^T$, $T_q = T_q^T$ et des constantes réelles positives $\beta_q, \eta_q$, $\mu_q = \dfrac{1}{2\beta_q}$ et $\delta_q = \sqrt{2\mu_q}$ tel que $\beta_q$ est minimal sous les contraintes d'inégalités suivantes :*

*Min $\beta_q$ sous les contraintes:*

$$\eta_q I < P_q < \beta_q I \tag{3.31}$$

$$\begin{bmatrix} Y & \delta_q^T I \\ \delta_q I & -T_q \end{bmatrix} < 0 \tag{3.32}$$

*Preuve*

Le problème consiste à déterminer les gains $L_q$, sous l'hypothèse de la converge exponentielle de l'erreur d'observation définie par :

$$e(t) = x(t) - \hat{x}(t) \qquad (3.33)$$

A partir de (3.33) et des expressions de $x(t)$ et $\hat{x}(t)$, nous obtenons :

$$e(t) = (A_q - L_q C_q)(x(t) - \hat{x}(t)) \qquad (3.34)$$

Pour que $\hat{x}(t)$ converge vers $x(t)$, il faut que $A_q - L_q C_q$ soit stable. Ainsi pour garantir cela, considérons la fonction candidate de Lyapunov multiple suivante :

$$V_q = e^T P_q e \qquad (3.35)$$

La dynamique de l'erreur d'estimation est exponentiellement stable si et seulement si la condition suivante est vérifiée :

$$\dot{V}_q < -2\mu_q V_q \qquad (3.36)$$

Par ailleurs, sachant que (3.35) est bornée [Petersson, 2006] comme suit:

$$\eta_q \|e\|^2 < V_q < \beta_q \|e\|^2 \qquad (3.37)$$

où $\beta_q$ et $\eta_q$ sont deux constantes réelles.

Ainsi, nous pouvons écrire :

$$\eta_q I < P_q < \beta_q I \qquad (3.38)$$

D'autre part, en dérivant (3.35), nous obtenons :

$$\dot{e}^T P_q e + e^T P_q \dot{e} < -2\mu_q P_q \qquad (3.39)$$

Puis, en remplaçant $\dot{e}$ dans (3.39):

$$(A_q - L_q C_q)^T P_q + P_q (A_q - L_q C_q) + 2\mu_q P_q < 0$$

En effectuant maintenant un changement de variable bijectif $P_q L_q = Z_q$, il vient :

$$A_q^T P_q - C_q^T Z_q + P_q A_q - Z_q^T C_q + 2\mu_q P_q < 0 \qquad (3.40)$$

avec $\mu_q = \dfrac{1}{2\beta_q}$ [Juloski, 2004] [Petersson,2006].

Afin de réécrire (3.40) sous la forme d'une LMI, appliquons le lemme de Schur en posant :

$$Y = A_q^T P_q - C_q^T Z_q + P_q A_q - Z_q^T C_q \text{ et } \delta_q = \sqrt{2\mu_q}, \delta_q > 0, \ T_q = (P_q)^{-1}$$

Ceci permet d'obtenir:

$$\begin{bmatrix} Y & \delta_q^T I \\ \delta_q I & -T_q \end{bmatrix} < 0 \qquad (3.41)$$

∎

*b-L'observateur et le système n'évoluent pas dans le même mode*

*b.1. Cas autonome*

Avant de détailler la synthèse de convergence dans le cas où l'observateur évolue dans un mode différent de celui du système, nous proposons dans un souci de clarté de donner un bref aperçu sur le principe de synthèse.

Pour ce faire, considérons la stratégie de détection du mode discret illustrée par la Figure.2. Cette dernière montre que la détection du mode est correcte sur l'intervalle de temps égal à $[0, t_1]$. Durant le temps $[t_1,t]$, la détection du mode échoue puisque le système change du mode sans que l'observateur ne s'en rende compte. Par conséquent, l'erreur d'estimation est la somme de deux parties. La première $e_1$ sur l'intervalle $[0,t_1]$ et la seconde $e_2$ sur l'intervalle $[t_1,t]$. Ainsi, l'erreur d'estimation peut s'écrire :

$$e = e_1 + e_2 \tag{3.42}$$

Ainsi, si le mode est détecté correctement, l'erreur globale tend vers zéro (on revient au cas décrit en $a$). Dans le cas contraire, si l'observateur n'a pas la bonne information sur le mode (dès l'instant t1), il faudra faire en sorte qu'il puisse se recaler sur l'état continu.

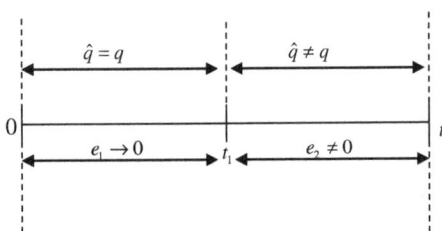

**Figure.2. Principe de l'estimation**

Dans le cas autonome, la dynamique active de l'observateur continu dépend du mode estimé par l'observateur discret et est décrite par :

$$\begin{cases} \dot{\hat{x}} = A_{\hat{q}}\hat{x} + L_{\hat{q}}\left(C_q x - C_{\hat{q}}\hat{x}\right) \\ y = C_{\hat{q}}\hat{x} \end{cases} \tag{3.43}$$

L'expression de la dynamique de l'erreur d'estimation est donnée par :

$$\dot{e} = \left(A_{\hat{q}} - L_{\hat{q}}C_{\hat{q}}\right)e + \left[\left(A_q - A_{\hat{q}}\right) - L_{\hat{q}}\left(C_q - C_{\hat{q}}\right)\right]x \tag{3.44}$$

La convergence de l'erreur d'estimation dépend de la stabilité de (3.44) et par conséquent la condition de stabilité doit être respectée :

$$\dot{V}_{\hat{q}}\left(e(t)\right) < 0 \tag{3.45}$$

Considérons la fonction de Lyapunov multiples (3.35). À partir de (3.44) et (3.45), nous aurons

$$
e^T \left( A_{\hat{q}} - L_{\hat{q}} C_{\hat{q}} \right)^T P_{\hat{q}} e + x^T \left[ \left( A_q - A_{\hat{q}} \right) - L_{\hat{q}} \left( C_q - C_{\hat{q}} \right) \right]^T P_{\hat{q}} e + e^T P_{\hat{q}} \left( A_{\hat{q}} - L_{\hat{q}} C_{\hat{q}} \right) e
$$
$$
+ e^T P_{\hat{q}} \left[ \left( A_q - A_{\hat{q}} \right) - L_{\hat{q}} \left( C_q - C_{\hat{q}} \right) \right] x < 0
\tag{3.46}
$$

Après développement de (3.46), nous pouvons mettre le résultat sous la forme quadratique suivante:

$$
\begin{bmatrix} e \\ x \end{bmatrix}^T \begin{bmatrix} \left( A_{\hat{q}} - L_{\hat{q}} C_{\hat{q}} \right)^T P_{\hat{q}} + P_{\hat{q}} \left( A_{\hat{q}} - L_{\hat{q}} C_{\hat{q}} \right) & P_{\hat{q}} \left[ \left( A_q - A_{\hat{q}} \right) - L_{\hat{q}} \left( C_q - C_{\hat{q}} \right) \right] \\ \left[ \left( A_q - A_{\hat{q}} \right) - L_{\hat{q}} \left( C_q - C_{\hat{q}} \right) \right]^T P_{\hat{q}} & 0 \end{bmatrix} \begin{bmatrix} e \\ x \end{bmatrix} < 0
\tag{3.47}
$$

Effectuons, dans (3.47) un changement de variable bijectif, $\overline{\overline{Z}}_{\hat{q}} = L_{\hat{q}}^T P_{\hat{q}}$.

Nous obtenons alors l'expression LMI suivante :

$$
\begin{bmatrix} A_{\hat{q}}^T P_{\hat{q}} + P_{\hat{q}} A_{\hat{q}} - C_{\hat{q}}^T \overline{\overline{Z}}_{\hat{q}} - \overline{\overline{Z}}_{\hat{q}}^T C_{\hat{q}} & P_{\hat{q}} \left( A_q - A_{\hat{q}} \right) - \overline{\overline{Z}}_{\hat{q}}^T \left( C_q - C_{\hat{q}} \right) \\ \left( A_q - A_{\hat{q}} \right)^T P_{\hat{q}} - \left( C_q - C_{\hat{q}} \right)^T \overline{\overline{Z}}_{\hat{q}} & 0 \end{bmatrix} < 0
\tag{3.48}
$$

Pour que l'inégalité (3.48) soit vérifiée, les mineurs de cette dernière doivent être strictement positifs. La présence du zéro dans la diagonal conduit au non faisabilité. Afin de pouvoir relâchée (3.48), nous allons exploiter les résultats présentés dans [Dvarzos, 2007] pour l'étude de la stabilité des SDH modélisés par un *RdPdf*.

Ainsi, pour l'étude de convergence de l'erreur d'estimation, nous nous sommes basés sur les fonctions de Lyapunov quadratiques ''Piecewise''. L'intérêt est de réduire le conservatisme issu de l'utilisation des fonctions de Lyapunov multiples. En effet, la transition entre les différents modes des SDH considérés dans ce chapitre, dépend de la variable d'état du système. Par conséquent, quelque soit la nature (y compris pour les systèmes linéaires à commutations), celle-ci divise l'espace d'état en un ensemble fini de régions. Ces dernières forment des cellules sous forme de polyèdres fermés définis par $\left\{ R_q^i, q \in \mathrm{N}, q = \{1, 2, ..., n_{pD}\}, i \in \ell_i = \{1, ..., i\} \right\}$.

Sous ces conditions, il est possible de reconstruire deux matrices $E_q$ limitant les cellules (« polyhedral cell bounding ») et $F_i$ matrice de paramétrisation de la forme [Johansson, 2003] :

$$E_q \geq 0, \quad x \in R_q \tag{3.49}$$

où $R_q$ l'ensemble des partitions dans l'espace d'état.

$$F_q = F_{q'}, \quad x \in R_q \cap R_{q'} \tag{3.50}$$

avec $q$ et $q'$ représentent respectivement le mode courant et le mode successeur.

Sous de telles données, la dynamique de l'erreur d'estimation (3.44) est stable si pour toute matrice $\Gamma$ symétrique et définie positive, il existe une matrice de lyapunov ''Piecewise'' $P_q$ de la forme :

$$P_{\hat{q}} = F_{\hat{q}}^T \Gamma F_{\hat{q}} \tag{3.51}$$

Ainsi, sous cette description, nous pouvons montrer que les conditions de convergence de l'erreur d'estimation sont données à travers le théorème 3.3.

### Théorème.3.3.

*L'erreur d'estimation converge exponentiellement vers zéro, s'il existe une matrice de Lyapunov ''Piecewise'' quadratique $P_{\hat{q}}$, des matrices $U_{\hat{q}}, W_{\hat{q}}$ et $\Gamma$ symétriques définies positive et des vecteurs $\eta_{\hat{q}\hat{q}'}$,tel que les inégalités suivantes admettent une solution :*

$$\Xi_{i,j} + E_{\hat{q}}^T U_{\hat{q}} E_{\hat{q}} < 0 \tag{3.52}$$

$$P_{\hat{q}} - E_{\hat{q}}^T W_{\hat{q}} E_{\hat{q}} > 0 \tag{3.53}$$

$$P_{\hat{q}} - P_{\hat{q}'} + S_{\hat{q}\hat{q}'} \eta_{\hat{q}\hat{q}'}^T + \eta_{\hat{q}\hat{q}'} S_{\hat{q}\hat{q}'}^T > 0 \tag{3.54}$$

*avec*

$$\Xi_{11} = A_{\hat{q}}^T P_{\hat{q}} + P_{\hat{q}} A_{\hat{q}} - C_{\hat{q}}^T \bar{\bar{Z}}_{\hat{q}} - \bar{\bar{Z}}_{\hat{q}}^T C_{\hat{q}}$$

$$\Xi_{12} = P_{\hat{q}} \left( A_q - A_{\hat{q}} \right) - \bar{\bar{Z}}_{\hat{q}}^T \left( C_q - C_{\hat{q}} \right)$$

$$\Xi_{21} = \Xi_{12}^T$$

$$\Xi_{22} = 0$$

*Preuve*

Pour pouvoir démontrer que la convergence de l'erreur (3.44) dépend de la solution des contraintes LMI (3.52), (3.53) et (3.54), nous nous baserons sur le corollaire donnée dans [Petersson, 96] qui impose les deux conditions suivantes :

1. L'inégalité (3.45) doit être vérifiée à l'intérieur de chaque région $R_q^i$.
2. Garantir la décroissance de (3.45) aux instants de commutations.

Notons que ce résultat a été enrichi par, [Johnsson, 98] qui à rajouter une troisième condition que nous pouvons résumer comme suit :

L'équation (3.35) doit être positive et continue aux frontières de $R_q^i$.

Par conséquent, l'expression (3.35) est une fonction de Lyapunov ''Piecewise'' quadratique telle que définie dans [Johansson, 98] sous la forme de (3.51).

D'autre part, chaque cellule est bornée par un hyperplan décrit par la condition (3.49). Cette dernière peut être écrite sous la forme quadratique :

$$z^T D_{\hat{q}} z \geq 0 \tag{3.55}$$

avec $z = \begin{bmatrix} e \\ x \end{bmatrix}$.

Selon [Johansson, 98], la matrice $D_{\hat{q}}$ a pour expression :

$$D_{\hat{q}} = E_{\hat{q}}^T U_{\hat{q}} E_{\hat{q}} \tag{3.56}$$

Ainsi, nous respectons la condition 1, nous appliquons le lemme de S-procédure [Boyd, 95] aux expressions (3.56) et (3.48), nous aurons :

$$\begin{bmatrix} \left(A_{\hat{q}} - L_{\hat{q}} C_{\hat{q}}\right)^T P_{\hat{q}} + P_{\hat{q}} \left(A_{\hat{q}} - L_{\hat{q}} C_{\hat{q}}\right) & P_{\hat{q}} \left[\left(A_q - A_{\hat{q}}\right) - L_{\hat{q}} \left(C_q - C_{\hat{q}}\right)\right] \\ \left[\left(A_q - A_{\hat{q}}\right) - L_{\hat{q}} \left(C_q - C_{\hat{q}}\right)\right]^T P_{\hat{q}} & 0 \end{bmatrix} + D_{\hat{q}} < 0 \tag{3.57}$$

Effectuons un changement bijectif puis posons $\overline{\overline{Z}}_{\hat{q}} = L_{\hat{q}}^T P_{\hat{q}}$, nous aboutissons alors à :

$$\begin{bmatrix} A_{\hat{q}}^T P_{\hat{q}} + P_{\hat{q}} A_{\hat{q}} - C_{\hat{q}}^T \overline{\overline{Z}}_{\hat{q}} - \overline{\overline{Z}}_{\hat{q}}^T C_{\hat{q}} & \left( A_q - A_{\hat{q}} \right)^T - \overline{\overline{Z}}_{\hat{q}}^T \left( C_q - C_{\hat{q}} \right) \\ P_{\hat{q}} \left( A_q - A_{\hat{q}} \right) - \left( C_q^T - C_{\hat{q}}^T \right) \overline{\overline{Z}}_{\hat{q}} & 0 \end{bmatrix} + E_{\hat{q}}^T U_{\hat{q}} E_{\hat{q}} < 0 \tag{3.58}$$

Cette dernière correspond à l'expression (3.52).

Nous respectons maintenant la troisième condition et avec le même raisonnement, nous obtenons l'expression (3.53).

Quant à la deuxième condition, nous devons vérifier aux instants de commutations la condition :

$$V_{\hat{q}} > V_{\hat{q}'} \tag{3.59}$$

Les différentes régions du système sont bornées par les vecteurs $S_q$. Ainsi, le passage d'une cellule $R_q^i$ à une cellule $R_{\hat{q}'}^i$ est régi par $S_{qq'}^T x$ qui est nul ou bien voisine de zéro.

En passant par l'hyperplan, la fonction de Lyapunov est continue si et seulement si il existe un vecteur $\eta_{\hat{q}\hat{q}'}^T$ tel que (3.59) est de la forme [Johansson, 98] [Dvarzsos, 2007]:

$$z^T P_{\hat{q}} z > z^T P_{\hat{q}'} z - z^T \left( S_{\hat{q}\hat{q}'} \eta_{\hat{q}\hat{q}'}^T + \eta_{\hat{q}\hat{q}'} S_{\hat{q}\hat{q}'}^T \right) z \tag{3.60}$$

∎

### b.2. *Cas non autonome*

La dynamique active de l'observateur continue dépend du mode estimé par l'observateur discret et est décrite par :

$$\begin{cases} \dot{\hat{x}} = A_{\hat{q}} \hat{x} + b_{\hat{q}} u + L_{\hat{q}} \left( C_q x - C_{\hat{q}} \hat{x} \right) \\ \hat{y} = C_{\hat{q}} \hat{x} \end{cases} \tag{3.61}$$

où $\hat{q}$ est le mode discret estimé en fonction du marquage discret, $q$ représente le mode discret réel et $L_{\hat{q}}$ sont les gains de l'observateur garantissant la convergence asymptotique de l'erreur de l'estimation.

À partir de (3.1) et (3.61), on peut déduire la dynamique de l'erreur d'estimation qui est donnée par :

$$\dot{e} = \left\{ \begin{array}{c} \left(A_{\hat{q}} - L_{\hat{q}}C_{\hat{q}}\right)e + \left[\left(A_q - A_{\hat{q}}\right) - L_{\hat{q}}\left(C_q - C_{\hat{q}}\right)\right]x \\ + \left(b_q - b_{\hat{q}}\right)u \end{array} \right. \tag{3.62}$$

La convergence de l'erreur et le calcul des gains de l'observateur dépendent de la stabilité de (3.62). Celle-ci est fonction de l'erreur, de l'état et de la commande. En effet, le dernier paramètre (la commande) représente l'effort fourni au système, ainsi, si nous analysons le comportement du système dans ce sens nous pouvons parler d'une énergie fournie et une autre emmagasinée. En conséquent, la stabilité de tels systèmes se base sur l'aspect de dissipativité [Willems, 2007]. C'est sur ce principe que nous allons fonder notre approche.

En effet, un SDH est dissipatif s'il existe une fonction multiple définie telle que dans [Zhao, 2008] et donnée par

$$\int_{t_0}^{t_1} \left|S_q\left(y,u\right)\right| dt < \infty \tag{3.63}$$

Ainsi, il existe une fonction multiple dite stockage $V_q > 0$ telle que l'inégalité (3.64) est vérifiée [Zhao, 2008]:

$$\dot{V}_q\left(x\left(t\right)\right) \leq Ss_q\left(y,u\right) \tag{3.64}$$

Pour $\hat{y}$ borné, (3.61) est dite dissipative s'il existe une fonction d'approvisionnement $Ss_q$ donnée par :

$$\int_{t_0}^{t_1} \left| Ss_q \left( \hat{y}, u \right) \right| dt < \infty \tag{3.65}$$

Ce qui implique qu'il existe une fonction de stockage de la forme :

$$\dot{V}_q \left( \hat{x}(t) \right) \leq Ss_q \left( \hat{y}, u \right) \tag{3.66}$$

Ainsi, si (3.66) est vérifiée le système (3.62) est stable. Par conséquent, nous pouvons dire que la convergence de l'observateur hybride (3.61) peut être énoncée par le théorème.3.4.

**Théorème.3.4.** [Hamdi et al, 2009a]

*L'erreur d'estimation de (3.61) converge vers zéro s'il existe des matrices*

$P_{\hat{q}} = P_{\hat{q}}^T > 0, Q_{\hat{q}} = \begin{bmatrix} Q_{\hat{q}_1} & Q_{\hat{q}_2} \\ Q_{\hat{q}_2}^T & Q_{\hat{q}_3} \end{bmatrix} > 0, \overline{Z}_{\hat{q}}$ *telle que l'inégalité suivante admet une solution*

$$\left[ \Delta_{ij} \right]_{3x3} < 0 \tag{3.67}$$

*avec :*

$$\Delta_{11} = A_{\hat{q}}^T P_{\hat{q}} - C_{\hat{q}}^T \overline{Z}_{\hat{q}} + P_{\hat{q}} A_{\hat{q}} - \overline{Z}_{\hat{q}}^T C_{\hat{q}} - C_{\hat{q}}^T Q_{\hat{q}_1} C_{\hat{q}}$$

$$\Delta_{12} = \left( A_q - A_{\hat{q}} \right)^T P_{\hat{q}} - \left( C_q^T - C_{\hat{q}}^T \right) \overline{Z}_{\hat{q}} + C_{\hat{q}}^T Q_{\hat{q}_1} C_{\hat{q}}$$

$$\Delta_{13} = P_{\hat{q}} \left( b_q - b_{\hat{q}} \right) + Q_{\hat{q}_2} C_{\hat{q}}$$

$$\Delta_{21} = \Delta_{12}^T$$

$$\Delta_{22} = -C_{\hat{q}}^T Q_{\hat{q}_1} C_{\hat{q}}$$

$$\Delta_{23} = -C_{\hat{q}}^T Q_{\hat{q}_2}$$

$$\Delta_{31} = \Delta_{13}^T$$

$$\Delta_{32} = -Q_{\hat{q}_2} C_{\hat{q}}$$

**Preuve :**

Considérons la fonction de Lyapunov (dite de stockage) quadratique définie par :

$$V_{\hat{q}} \left( \hat{x}(t) \right) = \left( \hat{x}(t) \right)^T P_{\hat{q}} \hat{x}(t) \tag{3.68}$$

94

où $P_{\hat{q}} = P_{\hat{q}}^{T} > 0$.

En remplaçant $\hat{x}$ par $x - e$ dans (3.68), nous obtenons :

$$V_{\hat{q}}\big(x(t) - e(t)\big) = \big(x(t) - e(t)\big)^{T} P_{\hat{q}}\big(x(t) - e(t)\big) \tag{3.69}$$

En utilisant (3.65), nous pouvons la mettre sous la forme:

$$Ss_{q} = \begin{bmatrix} \hat{y} \\ u \end{bmatrix}^{T} Q_{q} \begin{bmatrix} \hat{y} \\ u \end{bmatrix} \tag{3.70}$$

À partir de (3.69) et de (3.70), (3.66) s'écrit :

$$\underbrace{\frac{d}{dt}\Big[\big(x(t) - e(t)\big)^{T} P_{\hat{q}}\big(x(t) - e(t)\big)\Big]}_{\dot{V}_{q}} < \begin{bmatrix} \hat{y} \\ u \end{bmatrix}^{T} Q_{\hat{q}} \begin{bmatrix} \hat{y} \\ u \end{bmatrix} \tag{3.71}$$

À partir de (3.71), nous constatons qu'il existe un lien entre la convergence de l'erreur d'estimation et la dessipativité de (3.61). Par conséquent, le système (3.61) est dissipatif si et seulement si l'erreur d'estimation converge vers Zéro.

Sachant que $\hat{y} = C_{\hat{q}}(x - e)$ et que $Q_{\hat{q}} = \begin{bmatrix} Q_{\hat{q}_1} & Q_{\hat{q}_2} \\ Q_{\hat{q}_2}^{T} & Q_{\hat{q}_3} \end{bmatrix} > 0$, et en remplaçant (3.62) dans (3.71), nous

aurons

$$e^{T}\big(A_{\hat{q}} - L_{\hat{q}}C_{\hat{q}}\big)^{T} P_{\hat{q}}e + x^{T}\Big[\big(A_{q} - A_{\hat{q}}\big) - L_{\hat{q}}\big(C_{q} - C_{\hat{q}}\big)\Big]^{T} P_{\hat{q}}e + e^{T} P_{\hat{q}}\big(A_{\hat{q}} - L_{\hat{q}}C_{\hat{q}}\big)e$$
$$+ e^{T} P_{\hat{q}}\Big[\big(A_{q} - A_{\hat{q}}\big) - L_{\hat{q}}\big(C_{q} - C_{\hat{q}}\big)\Big]x + u^{T}\big(b_{q} - b_{\hat{q}}\big)^{T} P_{\hat{q}}e + e^{T} P_{\hat{q}}\big(b_{q} - b_{\hat{q}}\big)u \tag{3.72}$$
$$< \begin{bmatrix} C_{\hat{q}}(x - e) \\ u \end{bmatrix}^{T} Q_{\hat{q}} \begin{bmatrix} C_{\hat{q}}(x - e) \\ u \end{bmatrix}$$

Ce qui donne (3.73)

$$
\left[
\begin{array}{ccc}
\left(A_{\hat{q}}-L_{\hat{q}}C_{\hat{q}}\right)^{T}P_{\hat{q}}+P_{\hat{q}}\left(A_{\hat{q}}-L_{\hat{q}}C_{\hat{q}}\right) & P_{\hat{q}}\left[\begin{array}{c}\left(A_{q}-A_{\hat{q}}\right)-\\ L_{\hat{q}}\left(C_{q}-C_{\hat{q}}\right)\end{array}\right] & P_{\hat{q}}\left(b_{q}-b_{\hat{q}}\right)\\[2mm]
\left[\left(A_{q}-A_{\hat{q}}\right)-L_{\hat{q}}\left(C_{q}-C_{\hat{q}}\right)\right]^{T}P_{\hat{q}} & 0 & 0\\[2mm]
\left(b_{q}-b_{\hat{q}}\right)^{T}P_{\hat{q}} & 0 & 0
\end{array}
\right]-Q_{\hat{q}}<0 \qquad (3.73)
$$

Remplaçons la matrice $Q_{\hat{q}}$ par sa valeur dans (3.73), nous aurons :

$$
\left[
\begin{array}{ccc}
\begin{array}{l}A_{\hat{q}}^{T}P_{\hat{q}}-C_{\hat{q}}^{T}L_{\hat{q}}^{T}P_{\hat{q}}+P_{\hat{q}}A_{\hat{q}}-P_{\hat{q}}L_{\hat{q}}C_{\hat{q}}\\ -C_{\hat{q}}^{T}Q_{\hat{q}_{1}}C_{\hat{q}}\end{array} & \begin{array}{l}P_{\hat{q}}\left(A_{q}-A_{\hat{q}}\right)-P_{\hat{q}}L_{q}\left(C_{q}-C_{\hat{q}}\right)\\ +C_{\hat{q}}^{T}Q_{\hat{q}_{1}}C_{\hat{q}}\end{array} & \begin{array}{l}P_{\hat{q}}\left(b_{q}-b_{\hat{q}}\right)\\ +C_{\hat{q}}^{T}Q_{q_{2}}\end{array}\\[4mm]
\begin{array}{l}\left(A_{q}-A_{\hat{q}}\right)^{T}P_{\hat{q}}-\left(C_{q}-C_{\hat{q}}\right)^{T}L_{\hat{q}}^{T}P_{\hat{q}}\\ +C_{\hat{q}}^{T}Q_{\hat{q}_{1}}C_{\hat{q}}\end{array} & -C_{\hat{q}}^{T}Q_{\hat{q}_{1}}C_{\hat{q}} & -C_{\hat{q}}^{T}Q_{\hat{q}_{2}}\\[4mm]
\left(b_{q}-b_{\hat{q}}\right)^{T}P_{\hat{q}}+Q_{\hat{q}_{2}}C_{\hat{q}} & -Q_{\hat{q}_{2}}C_{\hat{q}} & -Q_{\hat{q}_{3}}
\end{array}
\right]<0 \qquad (3.74)
$$

Effectuons un changement de variable bijectif, posons $\overline{Z}_{\hat{q}}=L_{\hat{q}}^{T}P_{\hat{q}}$ et remplaçons dans (3.74), ceci mène à :

$$
\underbrace{\left[
\begin{array}{ccc}
\begin{array}{l}A_{\hat{q}}^{T}P_{\hat{q}}+P_{\hat{q}}A_{\hat{q}}-C_{\hat{q}}^{T}\overline{Z}_{\hat{q}}-\overline{Z}_{\hat{q}}^{T}C_{\hat{q}}\\ -C_{\hat{q}}^{T}Q_{\hat{q}_{1}}C_{\hat{q}}\end{array} & \begin{array}{l}P_{\hat{q}}\left(A_{q}-A_{\hat{q}}\right)-\overline{Z}_{\hat{q}}^{T}\left(C_{q}-C_{\hat{q}}\right)\\ +C_{\hat{q}}^{T}Q_{\hat{q}_{1}}C_{\hat{q}}\end{array} & \begin{array}{l}P_{\hat{q}}\left(b_{q}-b_{\hat{q}}\right)\\ +C_{\hat{q}}^{T}Q_{q_{2}}\end{array}\\[4mm]
\left(A_{q}-A_{\hat{q}}\right)^{T}P_{\hat{q}}-\left(C_{q}^{T}-C_{\hat{q}}^{T}\right)\overline{Z}_{\hat{q}}+C_{\hat{q}}^{T}Q_{\hat{q}_{1}}C_{\hat{q}} & -C_{\hat{q}}^{T}Q_{\hat{q}_{1}}C_{\hat{q}} & -C_{\hat{q}}^{T}Q_{\hat{q}_{2}}\\[4mm]
\left(b_{q}-b_{\hat{q}}\right)^{T}P_{\hat{q}}+Q_{\hat{q}_{2}}^{T}C_{\hat{q}} & -Q_{\hat{q}_{2}}^{T}C_{\hat{q}} & -Q_{\hat{q}_{3}}
\end{array}
\right]}_{\Delta}<0 \qquad (3.75)
$$

Posons :

96

$$\Delta_{11} = A_{\hat{q}}^T P_{\hat{q}} + P_{\hat{q}} A_{\hat{q}} - C_{\hat{q}}^T \overline{Z}_{\hat{q}} - \overline{Z}_{\hat{q}}^T C_{\hat{q}} - C_{\hat{q}}^T Q_{\hat{q}_1} C_{\hat{q}}$$

$$\Delta_{12} = P_{\hat{q}} \left( A_q - A_{\hat{q}} \right) - \overline{Z}_{\hat{q}}^T \left( C_q - C_{\hat{q}} \right) + C_{\hat{q}}^T Q_{\hat{q}_1} C_{\hat{q}}$$

$$\Delta_{13} = P_{\hat{q}} \left( b_q - b_{\hat{q}} \right) + C_{\hat{q}}^T Q_{\hat{q}_2}$$

$$\Delta_{21} = \Delta_{12}^T$$

$$\Delta_{22} = -C_{\hat{q}}^T Q_{\hat{q}_1} C_{\hat{q}}$$

$$\Delta_{23} = -C_{\hat{q}}^T Q_{\hat{q}_2}$$

$$\Delta_{31} = \Delta_{13}^T$$

$$\Delta_{32} = -Q_{\hat{q}_2} C_{\hat{q}}$$

$$\Delta_{33} = -Q_{\hat{q}_3}$$

Nous obtenons(3.67).

■

## 3.4. Résultats de simulation

Pour illustrer les approches développées, nous proposons de présenter quelques résultats de simulation sur un ensemble d'exemples mathématiques.

### 3.4.1. Cas d'un observateur discret commutant avec le système

Afin de montrer la pertinence des approches que nous avons proposées pour l'estimation de l'état hybride discret et continu, nous allons considérer deux types de classes de SDH. Nous commencerons par l'application de notre approche sur un système linéaire par morceau autonome, suivi d'un deuxième cas de systèmes à commutation linéaire non autonome.

#### 3.4.1.1. SDH autonome

Soit le SDH autonome à deux modes décrit par les dynamiques suivantes :

$$\text{Mode 1} \quad \left\{ \begin{array}{l} \left\{ \begin{array}{l} -x_1 \\ -2x_2 \end{array} \right. \\ y = x_1 \end{array} \right.$$

$$\text{Mode 2} \quad \left\{ \begin{array}{l} \dot{x} = \left\{ \begin{array}{l} 3x_1 \\ -4x_1 \end{array} \right. \\ y = 5x_1 + 6x_2 \end{array} \right.$$

Le passage du mode 1 au mode 2 est régi par la condition $x_1 \leq 1$, de même la condition $x_1 \geq 5$ garantit la transition du mode 2 vers le mode 1. De ce fait, l'espace d'état du SDH est partagé en deux régions. Ainsi, l'évolution du SDH est décrite par le *RdPdf* de la Figure 3.

Nous rappelons que les places discrètes représentent les deux modes discrets du système, les transitions discrètes assurent le passage entre les deux régions. Le franchissement de ces dernières dépend conjointement du résultat délivré du bloc test (i.e. l'existence des jetons dans l'une des places $Ptest_1$ ou bien $Ptest_2$) et de la présence des jetons dans les places $mode1$ ou bien $mode2$.
Le test ''upward-level crossing'' du bloc test contrôle la condition $x_1 \geq 5$. Par ailleurs, le test ''downward-level crossing'' vérifie le second test.

Pour synthétiser l'observateur, supposons que le système évolue initialement dans le premier mode, de ce fait le marquage de la partie discrète est $M_{O_s}^D = \begin{bmatrix} 0 & 1 \end{bmatrix}^T$ et prenons comme état initial continu $x_o = \begin{bmatrix} 1 & 5 \end{bmatrix}^T$. De même l'observateur progresse initialement dans le deuxième mode, ainsi, le marquage initial discret $M_{0obs}^D = \begin{bmatrix} 1 & 0 \end{bmatrix}^T$ et l'état continu initial à pour valeur $x_{0obs} = \begin{bmatrix} 0.5 & 5 \end{bmatrix}^T$.

Ainsi, nous procédons à l'estimation de la composante discrète du SDH par la reconstruction du vecteur global de (3.11). Par le bais de ce dernier, l'application du théorème 3.1 donne des résultats approximatifs du marquage estimé. Vu que les composantes du marquage sont des valeurs entières, nous avons procédé à l'arrondissement des valeurs issu de l'estimateur du marquage discret. Par conséquent, le résultat délivré par l'identificateur du mode discret est illustré par la Figure.4.
Celui-ci montre que le mode estimé converge vers le mode réel. Ce qui indique que l'observateur discret détecte rapidement et correctement le mode discret.

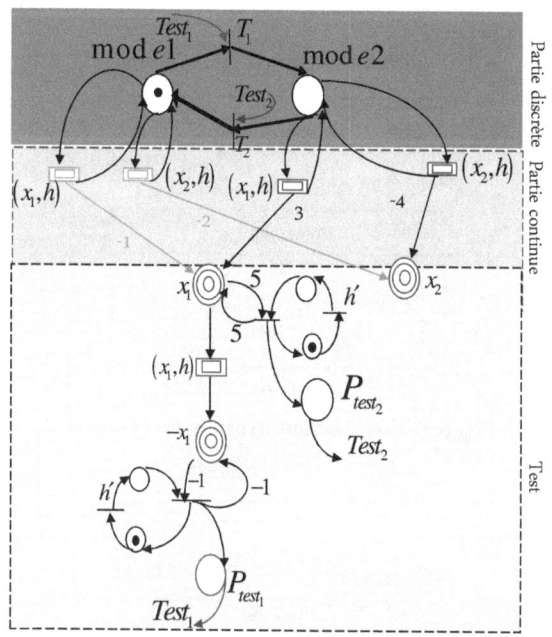

**Figure.3. Modèle hybride à deux modes**

Le mode discret étant connu, la dynamique continue est identifiée. Par conséquent, l'estimation de l'état continu est effectuée en appliquant le théorème. 3.2. Ainsi, les résultats obtenus sont donnés par la Figure.5. Ces derniers montrent que les composantes de l'état continu du SDH estimé par l'observateur continu sous la convergence exponentielle de l'erreur tendent vers les états réels. Ainsi, la Figure.6 illustre la convergence de l'erreur d'estimation qui tend exponentiellement vers Zéro au bout d'un temps inférieur à 3s.

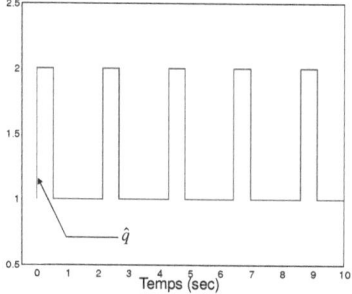

99

**Figure.4. Etat discret réel et estimé**

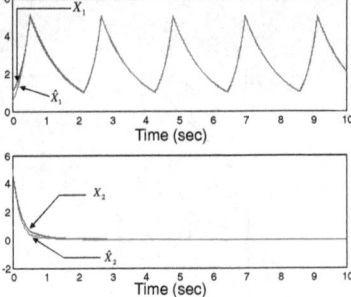

**Figure.5. Etat continue hybride réel et estimé**

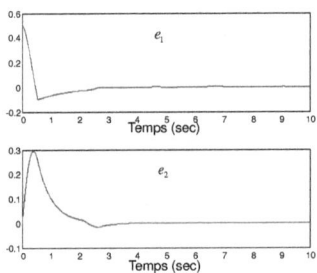

**Figure.6. Erreurs d'estimation**

### 3.4.1.2.  SDH non autonome

La même approche est appliquée à un système linéaire à commutation non autonome à deux modes décrit par la dynamique de la forme :

$$\text{mode 1} \quad \begin{cases} \dot{x} = \begin{bmatrix} -0.5 & 3 \\ -100 & -2 \end{bmatrix} x + b_1 u \quad \text{si } S_1 = 3x_1 + x_2 \\ y = C_1 x \end{cases}$$

$$\text{mode 2} \quad \begin{cases} \dot{x} = \begin{bmatrix} -2 & 10 \\ -2 & -1 \end{bmatrix} x + b_2 u \quad \text{si } S_2 = -0.3x_2 + x_1 \\ y = C_2 x \end{cases}$$

avec $C_1 = \begin{bmatrix} -1 & -0.5 \end{bmatrix}$ et $C_2 = \begin{bmatrix} -3 & 1 \end{bmatrix}$ les matrices de sortie, $b_1 = \begin{bmatrix} 1 \\ 1 \end{bmatrix}$ et $b_2 = \begin{bmatrix} 0 \\ 1 \end{bmatrix}$ les matrices de commande.

Afin d'appliquer l'approche proposée, supposons que le système évolue initialement dans le premier mode (i.e, le marquage discret du *RdPDf* $M_0^D = \begin{bmatrix} 1 & 0 \end{bmatrix}^T$) et l'état initial continu est $x_0 = \begin{bmatrix} -1 & 0.5 \end{bmatrix}^T$.

De même l'observateur continu a pour état initial $x_{0obs} = \begin{bmatrix} 1 & 0 \end{bmatrix}^T$ et pour le marquage initial discret $M_{0obs}^D = \begin{bmatrix} 0 & 1 \end{bmatrix}^T$ (il évolue initialement dans le mode 2).

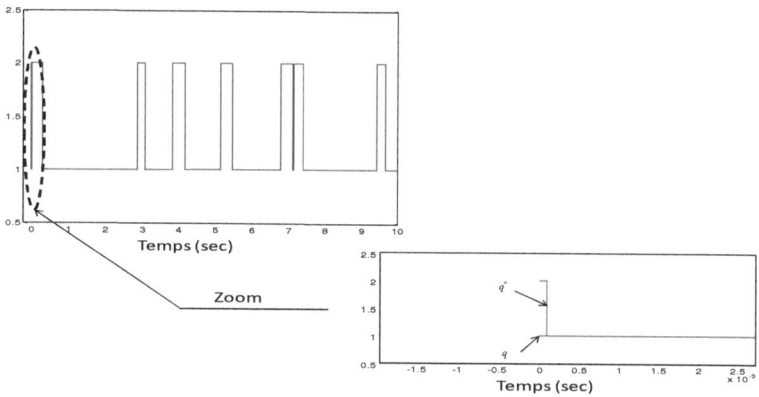

**Figure.7. mode discret estimé et mode réel**

En effet, le résultat correspondant à l'estimation du mode discret illustré par la Figure.7 montre que la détection de ce dernier est effectuée dans un délai égal au pas d'intégration et la convergence est atteinte.

La simulation des LMI (3.31) et (3.39) a permis d'aboutir aux résultats de la Figure.8.

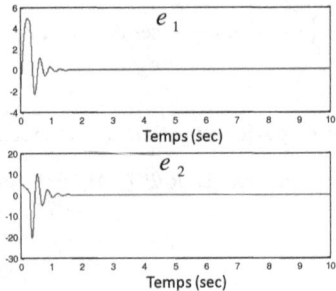

**Figure. 8. Erreur d'estimation**

Cette dernière illustre la convergence de l'erreur d'estimation et montre que l'état hybride continu reconstruit converge vers son état réel dans une durée inférieur à 2s.

Par conséquent, les résultats obtenus dans les deux cas autonome et non autonome prouvent que les observateurs discret et continu estiment parfaitement l'état hybride.

### 3.4.1.3. Robustesse de l'approche en présence du bruit

Dans le but d'étudier la robustesse de l'observateur hybride que nous avons proposé, nous avons testé ce dernier en présence d'un bruit additif. Celui-ci est additionné aux mesures délivrées par la sortie du modèle SDH des deux modes. Le bruit additionné a une moyenne nulle et une variance $\sigma_{bruit} = 1$. Les résultats obtenus dans ce cas illustrent la pertinence de l'observateur proposé. Ainsi, la Figure. 9 montre l'effet du bruit sur le mode discret estimé. Ce dernier se voit dans le décalage existant entre le mode réel et estimé à l'instant de commutation. Le mode discret arrive à suivre le mode réel au bout d'un lapse de temps égal au pas d'intégration.

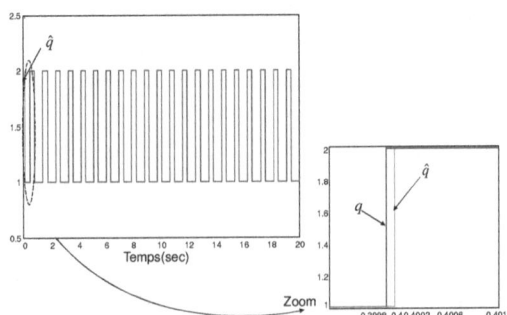

**Figure.9. Mode estimé et réel en présence du bruit**

De même pour l'observateur continu, la Figure.10 décrit la convergence de l'erreur de l'estimation en présence du bruit. Ainsi, l'état hybride continu estimé atteint l'état réel.

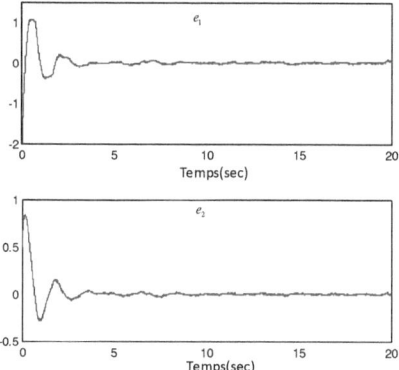

**Figure. 10. Erreurs d'estimation en présence du bruit**

Les résultats de la simulation de l'estimation montrent parfaitement que l'approche est applicable pour une large classe des SDHs.

**3.4.2.    Résultats dans le cas ou l'observateur discret ne commute pas avec le système**

**3.4.2.1.    SDH non autonome**

Soit le SDH autonome à deux modes décrit par :

$$
\text{mode } 1 \begin{cases} \dot{x} = \begin{bmatrix} 0 & 10 \\ 0 & 0 \end{bmatrix} \begin{bmatrix} x_1 \\ x_2 \end{bmatrix} + \begin{bmatrix} 1 \\ 0 \end{bmatrix} u \\ y = x_1 + 2.5x_2 \end{cases} \quad \text{si } 0.5x_1 - x_2 = 0
$$

$$
\text{mode } 2 \begin{cases} \dot{x} = \begin{bmatrix} 1.5 & 2 \\ -2 & -0.5 \end{bmatrix} \begin{bmatrix} x_1 \\ x_2 \end{bmatrix} + \begin{bmatrix} 0 \\ -1 \end{bmatrix} u \\ y = -5x_1 + x_2 \end{cases} \quad \text{si } -0.25x_1 - x_2 = 0
$$

Le résultat de la Figure.11 montre que l'observateur discret détecte parfaitement et rapidement le mode discret.

103

A partir du mode discret estimé, l'observateur procède à l'estimation de l'état continu. Les résultats délivrés par ce dernier sont donnés par les Figure.12. Ainsi, l'approche d'estimation proposée montre la convergence des composantes d'états continue estimées vers les composantes réelles. La Figure 13 illustre parfaitement la convergence de l'erreur d'estimation vers Zéro.

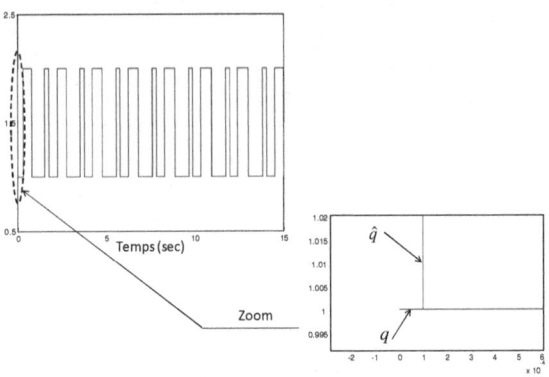

**Figure. 11. Mode réel et estimé**

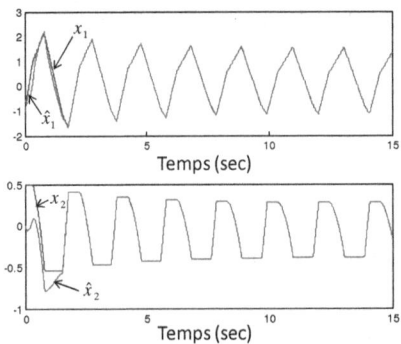

**Figure. 12. Etats continus réels et estimés**

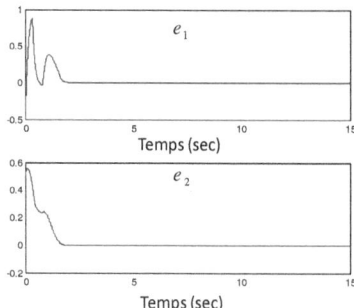

**Figure.13. Erreurs d'estimations**

### 3.4.2.2. SDH autonome

Le second résultat illustre l'approche de l'estimation d'état dans le cas autonome. Soit le système à commutations à deux modes décrit par

$$
\text{mode 1}\quad
\begin{cases}
\dot{x} = \begin{bmatrix} 1.5 & 2 \\ -2 & -0.5 \end{bmatrix} x \\[2mm]
y = \begin{bmatrix} 7 \\ 0 \end{bmatrix} x
\end{cases}
$$

$$
\text{mode 2}\quad
\begin{cases}
\dot{x} = \begin{bmatrix} -2 & 10 \\ -2 & -1 \end{bmatrix} x \\[2mm]
y = \begin{bmatrix} 5 \\ 10 \end{bmatrix} x
\end{cases}
$$

La commutation entre les modes du SDH est effectuée par le biais des expressions données par

$$S_1 = 0.25x_1 - x_2 \text{ et } S_2 = x_1 + x_2$$

Le premier retard qui apparaît sur le zoom de la Figure.14 est dû au fait que le système et l'observateur n'ont pas les mêmes états initiaux. Quant au second décalage, illustre que l'observateur discret ratte la commutation, par conséquent ce dernier et le système n'évoluent pas dans le même mode, mais au bout d'un temps égale à 0.0001s il arrive à converger vers le mode réel. Ainsi, l'observateur discret arrive à détecter le mode discret après un court délai égale au pas

105

d'intégration

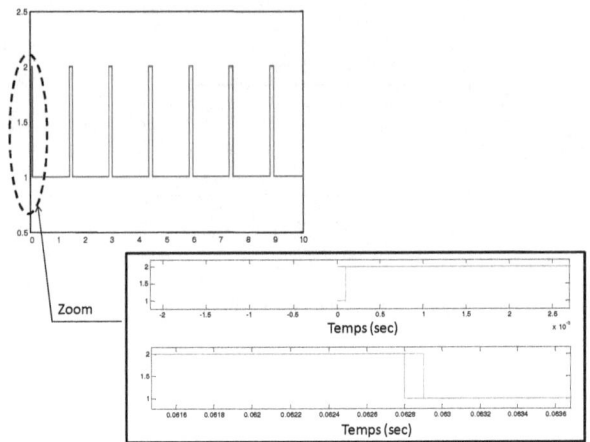

**Figure.14. Mode discret estimé et réel**

La Figure 15 illustre que l'observateur continu sous les conditions (3.52), (3.53) et (3.54) arrive à estimer les composantes de l'état continu hybride du système. Ainsi, la Figure 16 montre la convergence exponentielle de l'erreur d'estimation vers 0.

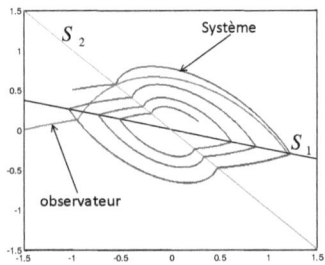

**Figure.15. Plan de Phase système et observateur**

106

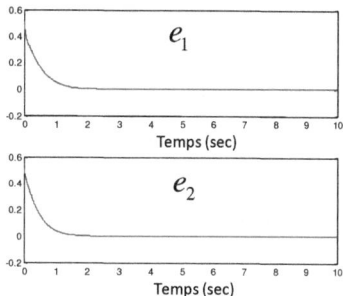

**Figure.16. Erreurs d'estimation**

## 3.5. Conclusion

Dans ce chapitre nous avons présenté un schéma d'observateurs hybride à base de réseaux de Petri différentiels. Ainsi, la structure proposée est formée d'un observateur discret à base de réseau de Petri discret associé à un observateur continu de Luenberger en interaction. L'estimation de l'état discret du SDH est inspirée de l'estimation du marquage et du vecteur de franchissement des transitions discrètes.

Nous avons proposé des approches de synthèse d'observateurs de l'état continu formulées sous forme de contraintes LMI garantissant la convergence de l'erreur de l'estimation. Ces dernières sont obtenues à partir des fonctions de Lyapunov multiples et des fonctions de Lyapunov Piecewise quadratiques sous le principe de dessipativité des SDH.

Une première contribution a été établie pour une large classe des SDH autonome et non autonome. Nous avons considéré que le système et l'observateur évoluent dans le même mode. Ainsi, l'observateur continu estime l'état continu sous le critère d'optimisation de la vitesse de convergence de l'erreur d'estimation propre à chaque sous systèmes.

Dans la deuxième contribution, nous avons élaborée la synthèse d'un observateur hybride dans le cas ou le système et l'observateur n'évoluent pas dans le même mode. Pour montrer la convergence de l'observateur proposé, nous avant exploité le principe de dessipativité dans la synthèse pour les SDH non autonomes. Quant aux SDH autonomes, nous avons élaboré la synthèse à partir des fonctions de Lyapunov Piecewise.

Enfin, Nous avons montré à travers des résultats de simulation la pertinence des approches proposées. Celles-ci ont donné lieu aux publications [Hamdi et *al*, 2008a][Hamdi et *al*, 2009b].

Cependant, le cas où l'observateur continu ne converge pas dans le mode reste un problème ouvert. Ce dernier sera évoqué dans la première partie du chapitre suivant.

## Chapitre 4

# *Stabilité et stabilisation*

## *Introduction*

Dans le chapitre précédent, nous avons étudié la synthèse d'observateurs hybrides pour le cas des systèmes stables seulement. Dans ce dernier chapitre, nous considérons la stabilisation des systèmes dans le cadre de la synthèse d'observateurs hybrides.

Si on s'intéresse simplement à la stabilisation des SDH sans prise en compte d'un observateur, il apparaît que plusieurs travaux de la littérature ont abordé ce problème de stabilisation des systèmes hybrides [Hai, 2009] [Lin, 2007] [Bernussou, 2007] [Lei, 2004] [Mignon, 2000]. Certains se basent sur la synthèse d'une loi de commande stabilisant le système [Daafouz, 2002], d'autre prennent en compte des contraintes associées aux conditions de stabilisation comme le cas d'un placement de pôles dans une région [Montagne, 2006] ou comme celui de considérer le temps de séjours parmi les conditions de stabilité [Wirth, 2005] [Kim, 2004]. Ainsi, des conditions et des critères de stabilisation sont obtenus à partir de l'existence d'une fonction de Lyapunov commune ou de fonctions de Lyapunov multiples formulées sous forme de contraintes LMI.

Dans le cadre du temps de séjour, des résultats intéressants ont été développés et plusieurs notions ont été introduites. Ainsi, le principe du temps de séjour minimal a été introduit pour la première fois dans les travaux de [Morse, 96]. L'existence de ce dernier, se base sur la stabilité des sous systèmes constituant le SDH. En effet, le système est considéré exponentiellement stable si le temps de séjour dans un mode est suffisamment long pour que le sous système actif atteigne le régime permanent. Sous cette contrainte, des conditions de stabilité en fonction du temps de séjour minimal ont été données.

Par la suite, sous l'hypothèse que les sous systèmes ne présentent pas un même temps de réponse, une extension du résultat établi par Morse a été proposée dans [Hespanah, 99]. Là, la notion de temps moyen de séjour a été mise en œuvre. L'idée étant que le système est stable, si en moyenne, on commute plus lentement que le temps de séjours moyen. Cette approche a été généralisée pour le cas où tous les sous-systèmes ne sont pas forcément exponentiellement stables dans les travaux de [Zhai, 2000a][Zhai, 2000b].

Par ailleurs, il existe des travaux se basant sur la synthèse de lois de commande stabilisantes [Pettersson, 2001] [Daafouz, 2001] [Bara, 2006] [Z, 2004]. Dans [Sun, 2005], une variété de stratégie a été synthétisée dans un état de l'art portant sur l'analyse de stabilité et de stabilisation des SDH et plusieurs problématiques de stabilisation ont été évoquées. D'autre part, les auteurs dans [Da-Wei, 2008] ont proposé une étude de stabilisation par retour d'état sous la condition d'existence de fonctions quadratiques de Lyapunov pour la classe des SDH linéaires par morceaux.

Toute fois, la plupart des approches précédemment décrites supposent que les variables d'états sont disponibles, or ce n'est pas toujours le cas. Ainsi, dans ce contexte, il existe peu de travaux prenant en charge ce genre de situations.

En effet, le principe de séparation a été appliqué dans les approches proposées pour la synthèse d'un retour d'état via un observateur hybride, pour les systèmes à commutations et les systèmes linéaires par morceaux à temps discrets, dans les travaux [Daafouz, 2003] et [Feng, 2003]. Puis dans [Rodrigues, 2002] [Heelmels, 2007] [Heelmels, 2008], des observateurs ont été proposé pour une large classe de systèmes Piecewise affines. Dans l'ensemble de ces travaux, les problèmes de l'estimation et de la commande ont été formulés sous forme de résolution des problèmes convexes.

Sous l'hypothèse que l'observateur et le système n'ont pas les mêmes instants de commutation, un retour d'état via un observateur stabilisant les systèmes à commutations est vu dans [Z, 2003].

Rappelons que dans ce chapitre, notre intérêt principal ne concerne pas l'étude de la stabilité ou de la stabilisation des SDH, mais nous nous focaliserons sur l'estimation de l'état hybride. Plus particulièrement le problème de l'estimation d'état et de la stabilisation d'un SDH en intégrant la notion de temps de séjour, peu traité dans la littérature.

Ainsi, l'objectif de la première partie de ce chapitre est d'exploiter la contrainte du temps de séjour dans la synthèse de l'observateur hybride à base d'un modèle hybride. Afin que l'observateur hybride converge en tenant compte du changement continu des différentes dynamiques, nous proposons des approches de synthèse intégrant le temps de séjour avec les conditions de convergence de l'erreur d'estimation. De ce fait, l'observateur doit converger durant le mode soit au bout d'un temps minimal inférieur au temps de séjour du système, soit au bout du temps minimal qui assure la stabilité du système. Des améliorations des performances dynamiques de l'observateur sont également proposées sous la contrainte de placement de pôle dans une région LMI.

Le deuxième volet du chapitre présente une étude de stabilisation d'un SDH à travers la synthèse d'une loi de commande par retour d'état dans le cas où tous les états ne sont pas mesurables. Ainsi, le problème consiste à synthétiser un observateur hybride. Nous proposons deux alternatives de synthèse dans ce cas pour une large classe de systèmes hybrides à temps continus.

## 4.2. Observateur hybride et approche du temps de séjours

Dans cette section, nous partons de l'hypothèse que le système ne commute pas ou ne change de mode avant que l'observateur ne converge. Ainsi, l'observateur continu estime l'état continu dans un délai inférieur ou égal au temps de séjours du système, comme il l'illustre la Figure.1. En conséquent, il faut associer le temps de séjours minimal des sous systèmes aux contraintes de convergence de l'estimation de l'état.

Notons que l'introduction de la contrainte du temps de séjour dans les conditions de convergence a été prise en considération dans les travaux de [Balluchi, 2002a] [Petersson, 2006] [Birouche, 2006a], où le délai de convergence correspond au temps de séjours minimal du système hybride. Ainsi, l'erreur d'estimation est supposée bornée.

Dans notre cas, nous allons prendre en considération le cas où chaque sous système à son propre délai de séjours et nous optimiserons le temps au bout du quel l'observateur pourra atteindre la convergence avant la commutation.

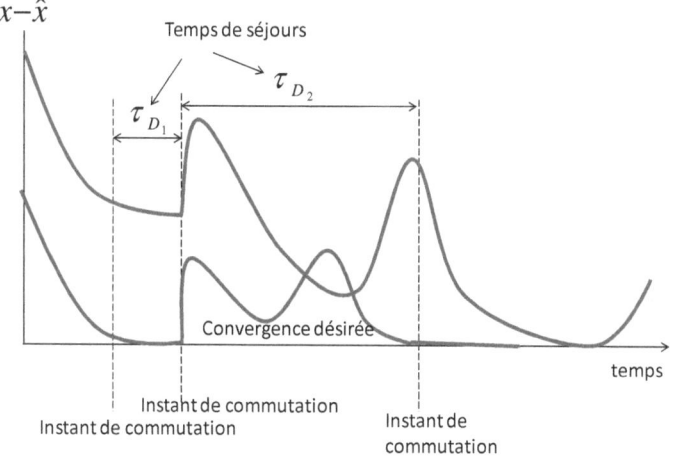

**Figure.1. Principe de convergence de l'observateur continu**

111

Précisons qu'en plus de la classe des SDHs prise en considération dans le chapitre précédent, nous allons considérer la classe de systèmes à commutations dépendant du temps et de l'état. Il s'agit des systèmes à commutations mixtes introduit dans le chapitre.2 et décrit par :

$$\begin{cases} \dot{x} = A_q x + b_q u \\ y = C_q x \end{cases}$$ (4.1)

Le passage d'un mode à un autre du SDH (4.1) dépend de la fonction $S_q$ qui peut prendre les formes mentionnées dans le chapitre 2 à la section 2.3.3, ainsi que du temps de séjours.

L'objectif de l'observateur hybride est de fournir à tout instant une estimation de l'état hybride $(q, x)$. Ainsi, l'état $(\hat{q}, \hat{x})$ d'un SDH modélisé par un *RdPdf* est estimé par l'observateur hybride représenté dans la Figure 1 du chapitre 3. Notons que la procédure de l'estimation de l'état discret du SDH est la même que celle que nous avons développé dans le chapitre précédent. En conséquent, dans ce qui suit nous allons considérer que l'estimation de l'état continu du SDH.

### 4.2.1. Contraintes de convergence de l'observateur hybride

L'estimation de l'état continu hybride est effectuée en tenant compte des hypothèses suivantes :

*h1 : Tous les couples* $(A_q, C_q)$ *du SDH sont observables et le SDH est également observable.*

*h2 : La condition de commutation est connue et dépend des variables d'état ou bien de la variable d'état et du temps de séjours dans chaque mode.*

*h3 : L'observateur continu converge dans un temps de séjour minimal* $d_{q_o}$ *(afin de garantir la convergence avant qu'il y ait commutation).*

De ce fait, l'observateur continu est décrit par la représentation d'état

$$\begin{cases} \dot{\hat{x}} = A_{\hat{q}} \hat{x} + b_{\hat{q}} u - L_{\hat{q}} C_{\hat{q}} (x - \hat{x}) \\ y = C_{\hat{q}} \hat{x} \end{cases} \quad \text{si } \hat{q} = q$$ (4.2)

Par conséquent, la dynamique de l'erreur d'estimation s'écrit :

$$\dot{e} = \left( A_{\hat{q}} - L_{\hat{q}} C_{\hat{q}} \right) e$$ (4.3)

112

Ainsi, dans cette section nous allons associer la contrainte du temps de séjours aux conditions de convergences de l'observateur continu. Par conséquent, nous pouvons énoncer le théorème 4.1 pour l'estimation de l'état hybride continu.

**Théorème 4.1 :**

*L'erreur d'estimation converge de manière exponentielle dans un temps de séjour minimal $d_{q_o} > 0$, s'il existe une matrices $T_{\hat{q}} > 0$ et un temps de séjour $d_{q_s} > 0$ et une constante réelle*

$$\zeta_{\hat{q}} = \frac{1}{\sqrt{d_{\hat{q}_o}}} > 0 \ \text{satisfaisant les LMI inégalités :}$$

*Min $d_{q_o}$ sous les contraintes*

$$d_{q_o} - d_{q_s} < 0 \tag{4.4}$$

$$\begin{bmatrix} Y & \zeta_{\hat{q}}^T I \\ \zeta_{\hat{q}} I & -T_{\hat{q}} \end{bmatrix} < 0 \tag{4.5}$$

avec $d_{q_o}$ représente le temps de séjour de l'observateur et $d_{q_s}$ est le temps de séjour du SDH.

**Preuve**

Soit la fonction de Lyapunov multiple donnée par :

$$V_q(e) = e^T P_{\hat{q}} e \tag{4.6}$$

avec $P_{\hat{q}} \in N^{np_{Df} \times np_{Df}}$ une matrice symétrique, définie positive.

La dynamique (4.3) est exponentiellement stable si la dérivée de (4.6) respecte la condition (4.7):

$$\dot{V}_q(e) < -2\mu_{\hat{q}} V_q(e) \tag{4.7}$$

En plus de ces deux conditions, il faut que l'observateur converge durant le mode. En d'autres termes avant que le système ne change de mode. De ce fait, l'observateur continu doit converger

113

durant un temps de séjours inférieur ou bien à la limite égale au temps de séjour de chaque sous système. Par conséquent, si nous notons par $d_{q_o}$ le temps de séjour de l'observateur dans chaque mode $\hat{q}$ et $d_{q_s}$ le temps de séjour de chaque sous système $q$ (déterminé dans le théorème 2.1) alors la convergence doit être atteinte dans un temps minimal vérifiant la condition suivante :

$$d_{q_o} < d_{q_s} \tag{4.8}$$

À partir de (4.8), la première condition du théorème est vérifiée.

Maintenant, dérivons (4.6) et selon (4.7) nous aurons :

$$A_{\hat{q}}^T P - C_{\hat{q}}^T Z_{\hat{q}} + P_{\hat{q}} A_{\hat{q}} - Z_{\hat{q}}^T C_{\hat{q}} < -2\mu_{\hat{q}} P_{\hat{q}} \tag{4.9}$$

avec $Z_{\hat{q}}^T = P_{\hat{q}} L_{\hat{q}}$

D'après le théorème 2.1, le temps de séjour de l'observateur de chaque sous système est donné par :

$d_{\hat{q}_o} \geq \dfrac{\log a}{2\mu_{\hat{q}}}$, alors (4.9) s'écrit :

$$A_{\hat{q}}^T P - C_{\hat{q}}^T Z_{\hat{q}} + P_{\hat{q}} A_{\hat{q}} - Z_{\hat{q}}^T C_{\hat{q}} + \frac{1}{d_{q_o}} Q_{\hat{q}} < 0 \tag{4.10}$$

avec $Q_{\hat{q}} = (\log a) P_{\hat{q}}$.

Nous constatons que (4.10) n'est pas une LMI stricte vue le produit $\dfrac{1}{d_{q_o}} Q_{\hat{q}}$.

Appliquons le lemme de Schur [Boyd, 95], (4.10) sera alors équivalente à :

$$\begin{bmatrix} Y & \zeta_{\hat{q}}^T I \\ \zeta_{\hat{q}} I & -T_{\hat{q}} \end{bmatrix} < 0 \tag{4.11}$$

avec $Y = A_{\hat{q}}^T P_{\hat{q}} - C_{\hat{q}}^T Z_{\hat{q}} + P_{\hat{q}} A_{\hat{q}} - Z_{\hat{q}}^T C_{\hat{q}}$

et $\zeta_{\hat{q}} = \dfrac{1}{\sqrt{d_{\hat{q}_o}}} > 0$, $T_{\hat{q}} = \left( P_{\hat{q}} \right)^{-1}$

■

Comme nous avons considéré que le temps de séjour de l'observateur est inférieur ou égale au temps de séjours minimal des sous systèmes, les conditions de convergence peuvent être reformulées par le théorème 4.2 suivant.

**Théorème 4.2** [Hamdi et al, 2009c]

*Considérons un SDH autonome $\dot{x}(t) = A_q x(t)$ (resp. non autonome $\dot{x}(t) = A_q x(t) + b_q u$ ) avec $A_q = \left( W^{Df} \left( M_0 + W^D \sigma \right) \otimes I_{np_{Df}} \right)$ et $b_q = W^{Cf} \left( M_0 + W^D \sigma \right)$. S'il existe des matrices $P_{\hat{q}}, Z_{\hat{q}}, Q_{\hat{q}}$, et des constantes réelles $d_{\min} > 0$, $d_q > 0$ et $d_{\hat{q}} > 0$ satisfaisant les inégalités suivantes:*

$$d_{\hat{q}} \geq \frac{\log \delta}{2 \mu_{\hat{q}}} \tag{4.12}$$

$$d_{\min} = \min \left( d_{\hat{q}} \right) \leq d_q \tag{4.13}$$

$$A_{\hat{q}}^T P_{\hat{q}} - C_{\hat{q}}^T Z_{\hat{q}} + P_{\hat{q}} A_{\hat{q}} - Z_{\hat{q}}^T C_{\hat{q}} + \frac{1}{d_{\min}} Q_{\hat{q}} < 0 \tag{4.14}$$

*avec $\delta = \dfrac{\theta_{\hat{q}'}}{\alpha_{\hat{q}}}$ et $\alpha_{\hat{q}}, \theta_{\hat{q}'}$ définissent respectivement les valeurs propres min et max des matrices $P_{\hat{q}}$ et $P_{\hat{q}'}$.*

*Alors la convergence de l'erreur d'estimation du système SDH tend exponentiellement vers zéro.*

*Preuve*

Notons tout d'abord que le calcul du temps de séjour $d_q$ du système est basé sur les conditions du théorème 2.1 dans le cas non autonome et sur celui du théorème 2.2 dans le cas autonome du chapitre 2.

Ainsi, l'observateur continu converge exponentiellement durant un temps de séjour $d_{\hat{q}}$ si la contrainte (4.13) est vérifiée.

En combinant les expressions (4.9) et (4.12), nous obtenons:

$$A_{\hat{q}}^T P_{\hat{q}} - C_{\hat{q}}^T Z_{\hat{q}} + P_{\hat{q}} A_{\hat{q}} - Z_{\hat{q}}^T C_{\hat{q}} + \frac{\log \delta}{d_{\hat{q}}} P_{\hat{q}} < 0 \tag{4.15}$$

En choisissant $d_{\hat{q}} = d_q$, $Q_{\hat{q}} = (\log \delta) P_{\hat{q}}$ avec $Q_{\hat{q}} > 0$ et sachant que l'observateur continu converge dans un délai inférieur ou égale $d_{\min}$.

Avec ces démarches nous aboutissons à l'expression (4.14).

∎

### 4.2.2. Simulation et Résultats

Pour illustrer les résultats donnés par le théorème 4.1 et 4.2, considérons le cas du système à commutation mixte à deux modes décrit par les dynamiques :

mode 1 $\qquad \begin{cases} \dot{x} = \begin{cases} -.25x_1 + 0.3x_2 \\ -30x_1 - 2x_2 \end{cases} & \text{si } S_1 = 0 \, \& \, t = d_1 \\ y = -10x_1 - 3x_2 \end{cases}$

mode 2 $\qquad \begin{cases} \dot{x} = \begin{cases} -x_1 + 5x_2 \\ -x_1 - 0.5x_2 \end{cases} & \text{si } S_2 = 0 \, \& \, t = d_2 \\ y = x_1 - 3x_2 \end{cases}$

avec $S_1 = 3x_1 + x_2$, $S_2 = -0.3x_1 + x_2$,

Bien que l'objectif est d'estimer l'état hybride, nous allons dans un premier temps considérer le système à commutation sans prendre en compte la condition du temps de séjour. Ainsi, le passage

116

du mode 1 vers le mode 2 et vice versa sont dus uniquement à la condition sur l'état (en fonction de $S_q$). Les sous systèmes ont pour valeurs propres $\lambda\_\mathrm{mod}\,e1 = -1.125 \pm 2.8696\,j$ et $\lambda\_\mathrm{mod}\,e2 = -0.7500 \pm 2.2220\,j$. Ils sont par conséquent stables (pôles à parties réelles négatives). En revanche, comme l'illustre le plan de phase de la Figure 2, le SDH global, sans la prise en compte du temps de séjour mais simplement de la condition de commutation, n'est pas stable.

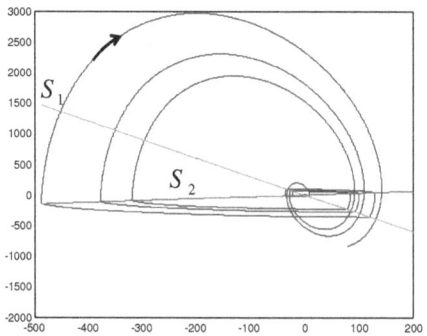

**Figure.2. Plan de phase**

La Figure.3 montre que l'évolution de la partie discrète du SDH pour certaines phases ne séjourne pas suffisamment dans le mode1. Ainsi, sous l'effet de la condition portant sur la variable d'état continu, le mode 1 devient très court.

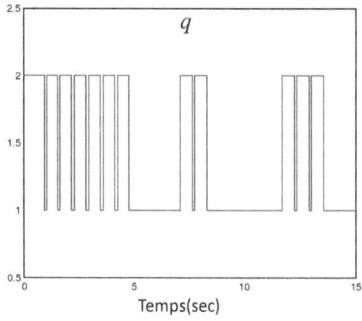

Temps(sec)

**Figure.3. Mode discret du SDH sans le temps de séjour**

117

L'application du théorème 2.1 permet de montrer que le système séjourne dans le mode 1 pendant un délai $d_1 = 6.5808\ s$ et une durée de $d_2 = 2.1076\ s$ dans le second mode.

Afin d'illustrer l'approche proposée, supposons que l'observateur évolue initialement dans le mode 2. Ainsi, le marquage initial pour la partie discrète a pour valeur $M_{0B} = (0 \quad 1)^T$ et $x_{0B} = [1 \quad 0.5]^T$ pour l'état continu

Les résultats donnés pour l'observateur discret sont représentés dans la Figure.4. Nous remarquons, que l'estimation de l'état hybride discret est correctement effectuée et que le mode discret est détecté rapidement

L'application du théorème 4.1 prouve que l'observateur converge au bout d'un temps optimal $d_1 = 3.2904\ s$ dans le mode 1 et une durée optimale $d_2 = 1.0538\ s$ dans le mode 2.

Les gains obtenus sont $L_1 = [0.7194 \quad -3,1108]^T$ et $L_2 = [0.1383 \quad 0.0922]^T$. En injectant maintenant le mode discret estimé dans l'observateur continu, l'estimation de l'état continu donne les résultats illustrés sur les Figures 5 et 6:

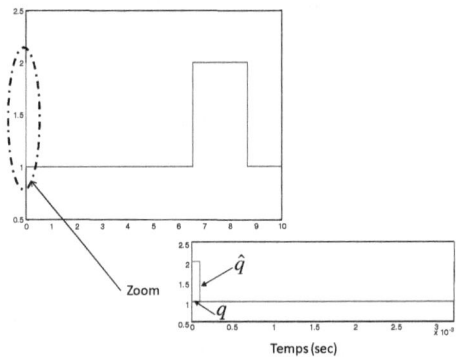

**Figure.4. Mode estimé et mode réel avec temps de séjour**

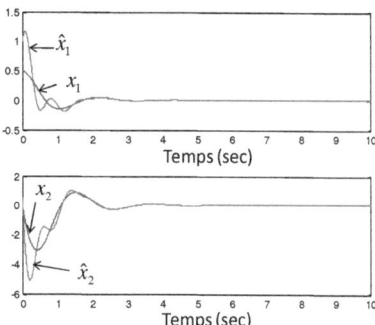

**Figure.5. Etats estimés et états réels**

Nous constatons que l'observateur continu converge dans le délai optimal de chaque mode. Ainsi, la Figure.6 illustre que l'erreur d'estimation converge exponentiellement vers Zéro au bout d'un temps qui correspond au temps optimal déterminé par l'approche proposée. Par conséquent, l'observateur hybride arrive à estimer aussi bien les composantes continues que les composantes discrètes. Notons qu'avec l'intégration du temps de séjour dans la condition de commutation le SDH est maintenant stable.

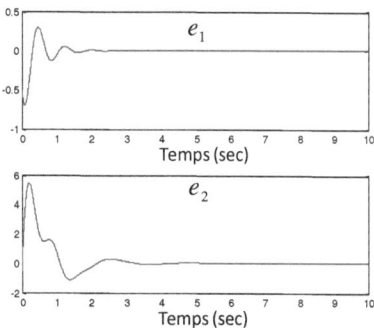

**Figure.6. Erreurs d'estimation**

Les Figures.7 et 8 montrent les résultats de l'estimation de l'état continu en considérant la deuxième approche. En effet, l'application du théorème 4.2 sous la contrainte du temps de séjour minimal du système, soit $d_{\hat{q}} = min\left(d_q\right) = 2.1076\ s$, implique la convergence des composantes continues vers les composantes réelles avec une meilleur rapidité que pour le cas précédent.

119

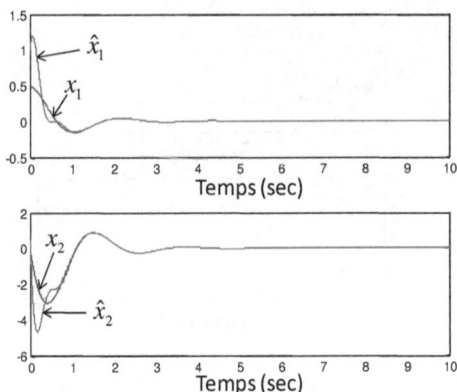

**Figure.7. Etat continu hybride estimé et réel**

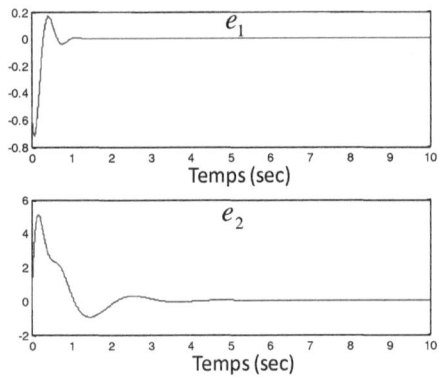

**Figure.8. Erreurs d'estimation**

En conséquent, la convergence de l'erreur est atteinte dans le délai prescrit.

## 4.3. Amélioration des performances dynamiques de l'observateur

Dans la plupart des cas, la synthèse de l'observateur impose que les pôles de l'observateur soient dans la partie droite du plan complexe et l'observateur doit également avoir une dynamique plus rapide que celle du système. Toutefois, il n'y a aucune exigence ou contrainte imposée sur les valeurs limites des valeurs propres de l'observateur. Néanmoins, si ces dernières dépassent un

120

certains seuil par rapport aux valeurs propres du système, l'observateur devient plus sensible aux bruits de mesure et aux phénomènes d'oscillations.

Afin d'illustrer ce problème, considérons le cas du système hybride donné dans [Hamdi et *al*, 2009c], ce dernier à pour dynamique :

$$\text{mode 1} \begin{cases} \dot{x} = \begin{cases} -0.5x_1 + 3x_2 \\ -100x_1 - 2x_2 \end{cases} \text{ si } S_1 = 3x_1 + x_2 \\ y = x_1 + x_2 \end{cases}$$

$$\text{mode 2} \begin{cases} \dot{x} = \begin{cases} -2x_1 + 10x_2 \\ -2x_1 - x_2 \end{cases} \text{ si } S_2 = -0.3x_1 + x_2 \\ y = x_1 + x_2 \end{cases}$$

À parti du théorème 4.2, nous obtenons les valeurs propres de l'observateur hybride tels que $\lambda_1 = -2.1240 \pm 70.7720j$ (mode 1) et $\lambda_2 = -1.4081 \pm 7.5979j$ (mode 2). La simulation de l'observateur hybride sous les contraintes du théorème 4.2, mène aux allures décrites dans les Figures. 9 et 10: La première Figure illustre l'évolution des composantes de la variable continue hybride estimé et des composantes de la variable continue réelle. Quant à la deuxième Figure, elle montre l'évolution de l'erreur d'estimation.

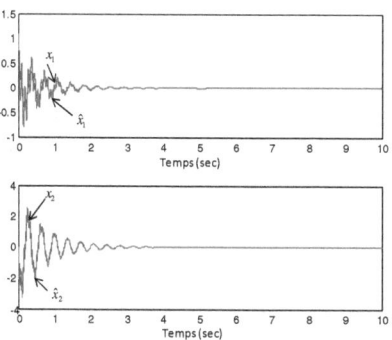

**Figure.9. Etats hybride estimés et réels**

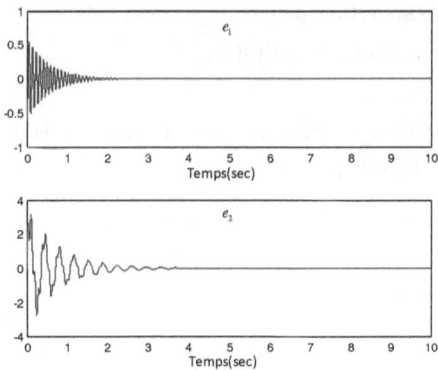

**Figure.10. Sensibilité de l'observateur hybride**

En absence de bruit de mesure et avec une partie imaginaire de valeur $\pm 70.7720j$, les composantes continues hybrides et l'erreur d'estimation présentent des oscillations. Par conséquent, la région englobant les valeurs propres de l'observateur doit être définie lors de la synthèse de celui-ci. C'est pourquoi, il est important de renforcer les performances dynamiques de l'observateur en vue d'améliorer la sensibilité de ce dernier. Afin d'aboutir à une synthèse prenant en charge certaines exigences sur les valeurs propres, nous allons exploiter la notion du placement de pôle dans une région LMI.

### 4.3.1. Contraintes de convergence

Dans [Chilali, 96], une approche permettant d'effectuer un placement de pôle d'une matrice dans une région du plan complexe est proposée. En effet, cela consiste à étudier la stabilité d'un système LTI en introduisant la notion de *D-stabilité* d'une matrice. Cette dernière se base sur le principe suivant :

1. La matrice $A$ est dite *D-stable* si toutes ces valeurs propres sont situées dans la région $D$ du demi-plan complexe gauche.

2. Un sous ensemble $D$ du plan complexe est dit région LMI s'il existe une matrice $\chi \in \Re^{n \times n}$ et une matrice $\varpi \in \Re^{n \times n}$ tel que :

122

$$D = \left\{ z \in \quad : f_D(z) = \chi + \varpi \otimes z + \varpi^T \otimes \overline{z} < 0 \right\} \tag{4.16}$$

Dans ce cadre, différents types de régions LMI ont été défini et pour plus d'informations, nous invitons le lecteur de ce référer à [Chilali, 99].

En partant de ce fait, la convergence exponentielle de l'observateur (4.2) sera établie sous le principe de placement de pôle dans une région LMI désirée. Ainsi, nous allons placer les pôles de l'observateur à gauche d'une droite verticale coupant l'axe réels à $-\mu_{\hat{q}}$. Ce qui implique que les parties réelles des valeurs propres de l'observateur sont inférieur à $-\mu_{\hat{q}}$. Pour limiter les parties imaginaires des valeurs propres, nous imposons que ces dernières ne dépassent pas une certaine constante appartenant à l'ensemble des réels $r_{\hat{q}} > 0$. De ce fait, les pôles de l'observateur doivent être mis en évidence dans une région LMI définie par l'intersection entre un disque de rayon $r_{\hat{q}}$, de centre $(0,0)$ et le demi plan complexe à gauche d'une droite d'abscisse $-\mu_{\hat{q}}$ comme le montre la Figure.11

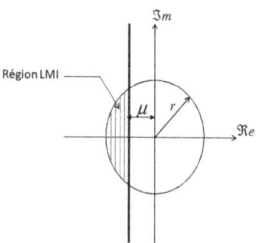

**Figure.11. Placement de pole dans une région LMI**

Dans ce cas, nous proposons le théorème 4.3 afin d'établir les critères de convergence de l'erreur d'estimation.

*Théorème 4.3*

*Les valeurs propres de (4.2) générant l'erreur d'estimation entre l'observateur et le SDH autonome $\dot{x}(t) = A_q x(t)$ (respectivement non autonome $\dot{x}(t) = A_q x(t) + b_q u$) avec $A_q = \left( W^{Df} (M_0 + W^D \sigma) \otimes I_{np_{Df}} \right)$ et $b_q = W^{Cf} (M_0 + W^D \sigma)$, sont placées dans la région LMI*

123

$D_{\hat{q}}\left(\gamma_{\hat{q}},r_{\hat{q}}\right)=\left\{z_{\hat{q}}\in\quad,\left|z_{\hat{q}}\right|<r_{\hat{q}},\Re e\left(z_{\hat{q}}\right)<-\mu_{\hat{q}}\right\}$ *du plan complexe s'il existe des matrices* $P_{\hat{q}},L_{\hat{q}},Q_{\hat{q}},T_{\hat{q}}$

*et des constantes réelles* $d_{\min}>0,\ d_{q}>0,\ d_{\hat{q}}>0,\ \mu_{\hat{q}}$ *et* $r_{\hat{q}}>0$ *satisfaisant les inégalités suivantes:*

$$d_{\hat{q}}\geq\frac{\log\delta}{2\mu_{\hat{q}}}\tag{4.17}$$

$$d_{\min}=min\left(d_{\hat{q}}\right)\leq d_{q}\tag{4.18}$$

$$\mu_{\hat{q}}<r_{\hat{q}}\tag{4.19}$$

$$\begin{bmatrix}-\left(2\sqrt{r_{\hat{q}}}I-T_{\hat{q}}\right) & P_{\hat{q}}A_{\hat{q}}-Z_{\hat{q}}^{T}C_{\hat{q}}\\\left(P_{\hat{q}}A_{\hat{q}}-Z_{\hat{q}}^{T}C_{\hat{q}}\right)^{T} & -\left(2\sqrt{r_{\hat{q}}}I-T_{\hat{q}}\right)\end{bmatrix}<0\tag{4.20}$$

$$A_{\hat{q}}^{T}P_{\hat{q}}-C_{\hat{q}}^{T}Z_{\hat{q}}+P_{\hat{q}}A_{\hat{q}}-Z_{\hat{q}}^{T}C_{\hat{q}}+\frac{1}{d_{\min}}Q_{\hat{q}}<0\tag{4.21}$$

*avec* $\delta=\dfrac{\theta_{\hat{q}'}}{\alpha_{\hat{q}}}$ *et* $\alpha_{\hat{q}},\theta_{\hat{q}'}$ *définissent respectivement les valeurs propres* min *et* max *des matrices* $P_{\hat{q}}$

*et* $P_{\hat{q}'}.$

*Alors la convergence de l'erreur d'estimation du système SDH tend exponentiellement vers zéro.*

### Preuve

Rappelons que le calcul du temps de séjour $d_{q}$ du système est basé sur le résultat donné par le théorème 2.1 dans le cas non autonome et sur celui du théorème 2.2 dans le cas autonome.

L'observateur continu doit converger exponentiellement avant la commutation du système vers un nouveau mode. Ainsi la contrainte (4.17) doit être respectée.

Le placement de pôle doit être effectué dans la région LMI désirée définie par $D\left(\mu_{\hat{q}}, r_{\hat{q}}\right) = \left\{z_{\hat{q}} \in \quad , \left|z_{\hat{q}}\right| < r_{\hat{q}}, \Re e\left(z_{\hat{q}}\right) < -\mu_{\hat{q}}\right\}$, la partie imaginaire ne doit pas excéder un rayon $r_{\hat{q}}$ tel que :

$$\left|z_{\hat{q}}\right| < r_{\hat{q}} \tag{4.22}$$

La partie réelle doit respecter la contrainte suivante :

$$\Re e\left(z_{\hat{q}}\right) < -\mu_{\hat{q}} \tag{4.23}$$

D'une part la contrainte (4.19) doit être respectée et d'autre part, selon le principe de la D-stabilité, la région de stabilité est définie par la validité de l'expression suivante [Chilali, 99]:

$$f_{D_{\hat{q}}}\left(z_{\hat{q}}\right) = z_{\hat{q}} + \overline{z}_{\hat{q}} < 0 \tag{4.24}$$

Ainsi, à partir de (4.16) et (4.3), le SDH est stable s'il existe des matrices de Lyapunov multiples vérifiant la contrainte de stabilité :

$$M_D\left(A_{\hat{q}obs}, P_{\hat{q}}\right) = \chi_{\hat{q}} \otimes P_{\hat{q}} + \varpi_{\hat{q}} \otimes P_{\hat{q}} A_{\hat{q}obs} + \varpi_{\hat{q}}^T \otimes A_{\hat{q}obs}^T P_{\hat{q}} < 0 \tag{4.25}$$

Multiplions à gauche et à droite par $I \otimes e^T$ et $I \otimes e$, nous aurons

$$\begin{aligned}\left(I \otimes e^T\right) \chi_{\hat{q}} \otimes P_{\hat{q}}\left(I \otimes e\right) + \left(I \otimes e^T\right) \varpi_{\hat{q}} \otimes P_{\hat{q}} A_{\hat{q}obs}\left(I \otimes e\right) \\ + \left(I \otimes e^T\right) \varpi_{\hat{q}}^T \otimes A_{\hat{q}obs}^T P_{\hat{q}}\left(I \otimes e\right) < 0\end{aligned} \tag{4.26}$$

Sachant que les produits suivant sont équivalent :

$$\left(A \otimes B\right)\left(C \otimes D\right) = AC \otimes BD \tag{4.27}$$

A partir de (4.27), l'expression (4.26), est équivalente à :

$$I\chi_{\hat{q}} I \otimes e^T P_{\hat{q}} e + I\varpi_{\hat{q}} I \otimes e^T P_{\hat{q}} A_{\hat{q}obs} e + I\varpi_{\hat{q}}^T I \otimes e^T A_{\hat{q}obs}^T P_{\hat{q}} e < 0 \tag{4.28}$$

Le placement de pôle effectué dans un disque de centre $(0,0)$ et de rayons $r_{\hat{q}}$ correspond aux matrices :

$$\chi_{\hat{q}} = \begin{bmatrix} -r_{\hat{q}} & 0 \\ 0 & -r_{\hat{q}} \end{bmatrix} \text{ et } \varpi_{\hat{q}} = \begin{bmatrix} 0 & 1 \\ 0 & 0 \end{bmatrix}$$

En conséquent, l'expression (4.28) s'écrira :

$$\begin{bmatrix} -r_{\hat{q}}P_{\hat{q}} & P_{\hat{q}}\left(A_{\hat{q}} - L_{\hat{q}}C_{\hat{q}}\right) \\ \left(A_{\hat{q}} - L_{\hat{q}}C_{\hat{q}}\right)^{T}P_{\hat{q}} & -r_{\hat{q}}P_{\hat{q}} \end{bmatrix} < 0 \tag{4.29}$$

Effectuons un changement de variable bijectif et posons :

$$Z_{\hat{q}} = L_{\hat{q}}^{T}P_{\hat{q}}$$

L'équation (4.30) peut se mettre sous la forme :

$$\begin{bmatrix} -\sqrt{r_{\hat{q}}}IP_{\hat{q}}\sqrt{r_{\hat{q}}}I & P_{\hat{q}}A_{\hat{q}} - Z_{\hat{q}}^{T}C_{\hat{q}} \\ \left(P_{\hat{q}}A_{\hat{q}} - Z_{\hat{q}}^{T}C_{\hat{q}}\right)^{T} & -\sqrt{r_{\hat{q}}}IP_{\hat{q}}\sqrt{r_{\hat{q}}}I \end{bmatrix} < 0 \tag{4.30}$$

avec $I$ est une matrice identité de dimension $n_{P_{Df}} \times n_{P_{Df}}$.

Sachant que pour une matrice $P$ définie positive les expressions suivantes sont équivalentes [Bernussou, 99]:

Si $G^{T}P^{-1}G > 0$ alors

$$G^{T}P^{-1}G \geq G^{T} + G - P \tag{4.31}$$

Posons $w = \sqrt{r_{\hat{q}}}I$ et remplaçons dans (4.30), nous aurons :

$$\begin{bmatrix} -w_{\hat{q}}^{T}P_{\hat{q}}w_{\hat{q}} & P_{\hat{q}}A_{\hat{q}} - Z_{\hat{q}}^{T}C_{\hat{q}} \\ \left(P_{\hat{q}}A_{\hat{q}} - Z_{\hat{q}}^{T}C_{\hat{q}}\right)^{T} & -w_{\hat{q}}^{T}P_{\hat{q}}w_{\hat{q}} \end{bmatrix} < 0 \tag{4.32}$$

Posons $P_{\hat{q}} = T_{\hat{q}}^{-1}$ et remplaçons dans (4.32) :

$$\begin{bmatrix} -w_{\hat{q}}^T T_{\hat{q}}^{-1} w_{\hat{q}} & P_{\hat{q}} A_{\hat{q}} - Z_{\hat{q}}^T C_{\hat{q}} \\ \left( P_{\hat{q}} A_{\hat{q}} - Z_{\hat{q}}^T C_{\hat{q}} \right)^T & -w_{\hat{q}}^T T_{\hat{q}}^{-1} w_{\hat{q}} \end{bmatrix} < 0 \tag{4.33}$$

Appliquons la propriété (4.31), nous aboutissons à l'expression :

$$\begin{bmatrix} -\left( w_{\hat{q}}^T + w_{\hat{q}} - T_{\hat{q}} \right) & P_{\hat{q}} A_{\hat{q}} - Z_{\hat{q}}^T C_{\hat{q}} \\ \left( P_{\hat{q}} A_{\hat{q}} - Z_{\hat{q}}^T C_{\hat{q}} \right)^T & -\left( w_{\hat{q}}^T + w_{\hat{q}} - T_{\hat{q}} \right) \end{bmatrix} < 0 \tag{4.34}$$

avec $T_{\hat{q}} = P_{\hat{q}}^{-1}$.

Remplaçons $w_{\hat{q}}$ par sa valeur, nous aboutissons à :

$$\begin{bmatrix} -\left( 2\sqrt{r_{\hat{q}}} I - T_{\hat{q}} \right) & P_{\hat{q}} A_{\hat{q}} - Z_{\hat{q}}^T C_{\hat{q}} \\ \left( P_{\hat{q}} A_{\hat{q}} - Z_{\hat{q}}^T C_{\hat{q}} \right)^T & -\left( 2\sqrt{r_{\hat{q}}} I - T_{\hat{q}} \right) \end{bmatrix} < 0 \tag{4.35}$$

Ainsi l'expression (4.20) est démontrée.

Selon (4.24), l'expression (4.23) est équivalente à l'expression mathématique suivante :

$$z_{\hat{q}} + \overline{z}_{\hat{q}} + 2\mu_{\hat{q}} < 0 \tag{4.36}$$

De (4.16) et (4.36), nous aurons:

$$M_D \left( A_{\hat{q}obs}, P_{\hat{q}} \right) = \varpi_{\hat{q}} \otimes P_{\hat{q}} A_{\hat{q}obs} + \varpi_{\hat{q}}^T \otimes A_{\hat{q}obs}^T P_{\hat{q}} + 2\mu_{\hat{q}} P_{\hat{q}} < 0 \tag{4.37}$$

Effectuons les mêmes étapes que pour le cas précédant, nous aboutissons à l'inégalité :

$$P_{\hat{q}} \left( A_{\hat{q}} - L_{\hat{q}} C_{\hat{q}} \right) + \left( A_{\hat{q}} - L_{\hat{q}} C_{\hat{q}} \right)^T P_{\hat{q}} + 2\mu_{\hat{q}} P_{\hat{q}} < 0 \tag{4.38}$$

Nous combinons les expressions (4.38) et (4.17), nous aurons :

$$A_{\hat{q}}^T P_{\hat{q}} - C_{\hat{q}}^T Z_{\hat{q}} + P_{\hat{q}} A_{\hat{q}} - Z_{\hat{q}}^T C_{\hat{q}} + \frac{\log \delta}{d_{\hat{q}}} P_{\hat{q}} < 0 \qquad\qquad (1.39)$$

Nous choisissons $d_{\hat{q}} = d_q$, $Q_{\hat{q}} = (\log \delta) P_{\hat{q}}$ avec $Q_{\hat{q}} > 0$ et supposons que l'observateur continu converge dans un délai inférieur ou égale $d_{\min}$.

avec ces démarches nous aboutissons à l'expression.(4.21).

∎

Notons qu'un cas particulier pourra être déduit de ce théorème. Ce dernier correspond à fixer le rayon au lieu de l'optimiser. En conséquent, les critères de convergence dans ce cas seront les mêmes sauf que la condition (4.20) sera remplacée par (4.29).

### 4.3.2.     *Simulation et résultats*

Dans cette section, nous allons considérer dans un premier temps un rayon fixe. Par la suite, nous aborderons le cas où le rayon est optimisé pour les deux cas sans et avec bruits de mesure.

*1er cas d'étude : Rayon fixe*

Dans le premier exemple, considérons le cas du SDH donné dans la section 4.3. Sachant que le premier mode séjourne une durée égale à: $d_1 = 4.7394\ s$ et un délai $d_2 = 2.0555\ s$ pour le second mode. Ainsi, pour un rayon $r = 10$ pour les deux modes, nous avons obtenus les résultats suivants :

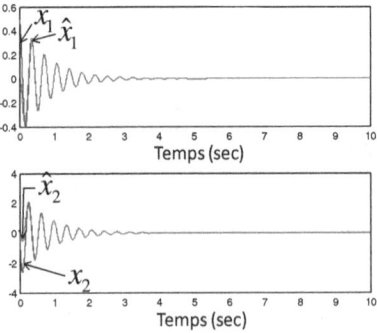

**Figure.12. L'état estimé et réel pour un rayon fixé à 10**

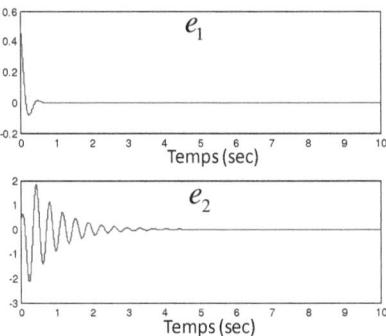

**Figure.13. Erreurs d'estimation**

En comparant les résultats des Figures 9 et 10 par rapport à ceux des Figures 12 et 13, nous constatons que l'estimation de l'état continu hybride sous les contraintes de placement de pôle garantie une meilleure convergence et que l'observateur sous le principe de *la D-stabilité* est plus performant. De plus, nous pouvons constater également qu'avec le placement de pôles, les oscillations n'existent plus.

*2^ème cas d'étude : Rayon optimisé*

Dans le deuxième cas, nous avons effectué la synthèse de l'observateur en présence de bruit puis en abscence de bruit de mesure sur le même exemple de la section 4.3. La sortie des deux modes est donnée par :

$$y = -8x_1 - 3x_2 \text{ pour le mode 1.et } y = 6x_1 + 4x_2 \text{ pour le mode 2.}$$

La résolution des LMI garantissant la convergence de l'observateur dans ce cas a permis de préciser la région LMI dans laquelle les valeurs propres de l'observateur sont incluses. Ainsi, en résolvant les contraintes inégalités du théorème 4.3, l'observateur hybride dans le mode 1 converge dans la région LMI définie par le rayon $r_1 = 12.0173$ avec un taux de convergence $\mu_1 = 0.3806$. Dans ce cas, les valeurs propres sont données par $\lambda_{11} = -4.2036, \lambda_{12} = -9,3645$. Pour le second mode, la région LMI est de rayon $r_2 = 12.2893$ avec un taux de convergence $\mu_2 = 0.2010$. Les valeurs propres correspondantes sont $\lambda_{21} = -4.1617, \lambda_{22} = -0.7857$. Nous constatons bien que les valeurs propres sont à l'intérieur de la région LMI optimisé lors de la synthèse de l'observateur.

129

Les résultats de simulation sont donnés par les Figures 14 et 15. Nous constatons que l'observateur converge dans le mode et que l'erreur d'estimation tend exponentiellement vers zéro.

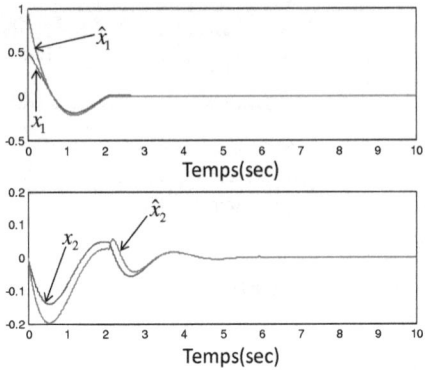

**Figure.14. Etats estimés et réels sans le bruit de mesure**

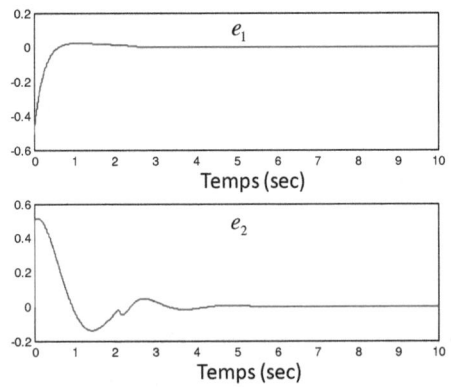

**Figure.15. Erreurs d'estimation sans le bruit de mesure**

En présence de bruit de mesure, de valeur moyenne nulle et de variance $\sigma_{bruit} = 1$, nous avons effectué la synthèse de l'observateur hybride sous les contraintes du théorème 4.2 et du théorème 4.3. Les résultats de la simulation des erreurs d'estimation dans ces cas sont donnés respectivement par les Figures 16 et 17.

En examinant ces Figures, nous remarquons que les résultats du théorème 4.3 mènent à une convergence plus rapide que celle du théorème 4.2. Avec les contraintes de ce dernier, l'observateur hybride converge avec les valeurs propres données par :

$\lambda_1 = -10.1707 \pm 16.0064\,j$ pour le mode 1

$\lambda_2 = -0.8263 \pm 4.3582\,j$ pour le mode 2.

De plus, l'utilisation du placement de pôle dans une région LMI permet de filtrer le bruit de mesure (voir Figure 16 et Figure 17) et la limitation des parties imaginaires des valeurs propres conduit à l'atténuation des phénomènes d'oscillations.

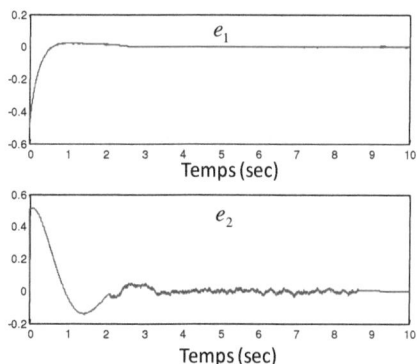

**Figure.16. Erreurs d'estimation avec bruit de mesure(Théorème.4.3)**

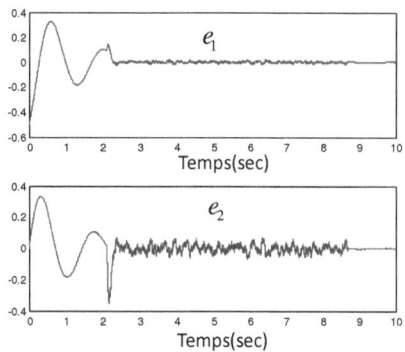

**Figure.17.Erreurs d'estimation avec bruit de mesure (Théorème.4.2)**

131

## 4.4. Estimation et commande par retour d'état

La stabilisation des systèmes avec une commande par retour d'état n'est possible que si les états du système sont tous disponibles. Dans le cas contraire, la synthèse d'un observateur est nécessaire pour l'estimation des états.

En effet, la plupart des travaux existants ne traitent que les SDH à temps discret [Daafouz, 2003] [Heemles, 2008] [Feng, 2003]. En revanche, il existe peu de travaux prenant en charge la stabilisation des SDH et l'estimation de l'état hybride à temps continu. Ainsi, dans cette section, nous allons traiter de la stabilisation d'un SDH à temps continu avec un observateur hybride comme l'illustre la Figure 18.

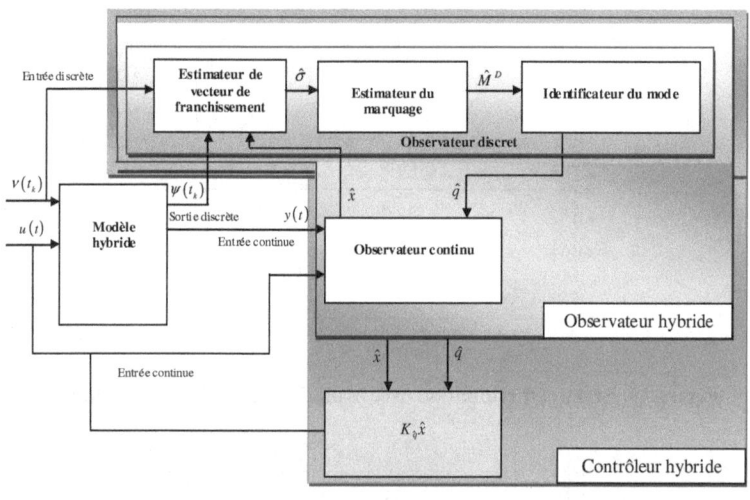

**Figure.18. Stabilisation du SDH par retour d'état avec un observateur hybride**

La commande par retour d'état stabilisant le système hybride (4.1) (dont les matrices $A_q, b_q$ et $C_q$ dépendent du marquage discret) est donnée par:

$$u = -k_q \hat{x} \tag{4.40}$$

132

La synthèse de l'observateur et celle de la commande seront effectuées sous les hypothèses suivantes :

1. *Les couples* $\left(A_q, C_q\right)$ *du SDH sont observables.*

2. *Les couples* $\left(A_q, B_q\right)$ *du SDH sont commandables.*

3. *La loi de commutation est connue*

### 4.4.1.   Analyse

Rappelons que l'estimation de l'état discret obéit au principe énoncé par le théorème 3.1 du chapitre 3. Une fois que l'observateur continu a l'information sur le mode discret dans lequel le système évolue, il procède à la reconstruction de la variable continue via l'observateur commuté (4.2).

Sachant que l'erreur d'estimation est définie par

$$e = x - \hat{x} \tag{4.41}$$

Ainsi, à partir de (4.40) et (4.41), l'expression (4.1) peut se mettre sous forme d'état:

$$\begin{bmatrix} \dot{x} \\ \dot{e} \end{bmatrix} = \underbrace{\begin{bmatrix} A_q - b_q k_q & b_q k_q \\ 0 & A_q - L_q C_q \end{bmatrix}}_{\bar{A}_q} \begin{bmatrix} x \\ e \end{bmatrix} \tag{4.42}$$

Soit l'état augmenté:

$$\bar{x}(t) = \begin{bmatrix} x(t) \\ e(t) \end{bmatrix} \tag{4.43}$$

Nous obtenons le système hybride augmenté de la forme :

$$\dot{\bar{x}}(t) = \bar{A}_q \bar{x}(t) \tag{4.44}$$

En conséquent, le système hybride (4.1) est stabilisé par la loi de commande (4.40) si est seulement si le système hybride augmenté (4.44) est exponentiellement stable.

133

### 4.4.2    Contraintes de stabilisation

Nous constatons que l'étude de la stabilité de (4.44) s'appuie sur les deux points suivants:

1. L'application du principe de séparation.
2. L'existence d'une fonction de Lyapunov quadratique $\overline{P}_q$ tel que

$$\overline{A}_q^T \overline{P}_q + \overline{P}_q \overline{A}_q < -\mu_q \overline{P}_q \qquad (4.45)$$

C'est sur la base de ces deux points que nous allons élaborer les contraintes de stabilisation du système hybride (4.1) avec l'observateur hybride (4.2). Toutefois, nous allons d'abord démontrer que le principe de séparation peut être applicable dans notre cas. Ensuite, nous pourrons établir les conditions de stabilisation.

#### 4.4.2.1.    Principe de séparation

Nous savons qu'un système dynamique linéaire, en l'absence de perturbation, est stable si les valeurs propres de ce dernier sont à partie réelles négatives. De ce fait, les valeurs propres du système augmenté (4.44) peuvent être déterminées par la relation $\det\left(\rho_q I - \overline{A}_q\right) = 0$, avec $\rho_q \in \Re$ représente les valeurs propres du sous système $q$.

Posons $h = \left(\rho_q I - \overline{A}_q\right)$ et sachant que $\rho_q I = \begin{bmatrix} \rho_{q_c} I & 0 \\ 0 & \rho_{q_o} I \end{bmatrix}$ nous aurons :

$$h = \begin{bmatrix} \rho_{q_c} I - \left(A_q - b_q k_q\right) & b_q k_q \\ 0 & \rho_{q_o} I - \left(A_q - L_q C_q\right) \end{bmatrix} \qquad (4.46)$$

L'expression (4.46) est une matrice triangulaire par bloc, par conséquent le déterminant de cette dernière est égale à :

$$\det\left(h\right) = \underbrace{\det\left(\rho_{q_c} I - \left(A_q - b_q k_q\right)\right)}_{\text{pôles de retour d'état}} \underbrace{\det\left(\rho_{q_o} I - \left(A_q - L_q C_q\right)\right)}_{\text{pôles de retour de l'observateur}} \qquad (4.47)$$

Nous remarquons que les pôles du système bouclé sont constitués de l'union des pôles du système commandé et du système observé. Ainsi, la synthèse du contrôleur du système (4.1) commandé par un retour d'état reconstruit par l'observateur hybride (4.2) peut s'effectuer séparément. En conséquent, le principe de séparation de la classe de SDH considérée peut s'énoncer selon le théorème 4.4.

***Théorème 4.4***

*La stabilisation et l'estimation de l'état du SDH (4.1) par (4.2) et sous la loi de commande (4.40) de l'équation (4.44) dépend de l'existence des matrices symétriques* $W_q > 0$, $P_q > 0$, *et d'une matrice* $Z_q > 0$ *et d'une constante réelle positive* $\alpha_q$ *satisfaisant les deux inégalités suivantes séparément :*

*Max* $\alpha_q$ *sous contrainte (4.48)*

$$\left( W_q \left( A_q - b_q k_q \right)^T + \left( A_q - b_q k_q \right) W_q \right) + 2\alpha_q W_q < 0 \qquad (4.48)$$

$$A_q{}^T P_q - C_q{}^T Z_q + P_q A_q - Z_q{}^T C_q < 0 \qquad (4.49)$$

***Preuve***

Soit la fonction de Lyapunov multiple définie par

$$V_q = x^T \left( t \right) w_q x \left( t \right) \qquad (4.50)$$

Le système hybride (4.1) est exponentiellement stable sous la loi de commande (4.40) si l'inégalité de Lyapunov est respectée :

$$\dot{V}_q < -2\alpha_q V_q \qquad (4.51)$$

où la constante $\alpha_q$ représente le degré de stabilité de chaque mode constituant le SDH.

Selon le principe de Lyapunov (4.51) s'écrit

$$\dot{x}^T(t) w_q x(t) + x^T(t) w_q \dot{x}(t) < -2\alpha_q w_q \tag{4.52}$$

Remplaçons $\dot{x}$ par sa valeur nous obtenons:

$$\left( \left( A_q - b_q k_q \right)^T w_q + w_q \left( A_q - b_q k_q \right) \right) < -2\alpha_q w \tag{4.53}$$

Multiplions à gauche et à droite (4.53) par $w_q^{-1}$, nous aboutissons à:

$$w_q^{-1} A_q^T - w_q^{-1} k_q^T b_q + A_q w_q^{-1} - b_q k_q w_q^{-1} + 2 w_q^{-1} \alpha_q < 0 \tag{4.54}$$

Posons $W_q = w_q^{-1}$, nous aurons l'expression (4.48). Cette dernière est une inégalité bilinéaire. Afin de la transformer en une LMI, nous effectuerons les mêmes démarches que nous avons appliqué dans le théorème 3.1 du chapitre 3.

Quant à l'expression (4.49), elle représente la convergence asymptotique de l'observateur hybride (4.2). Il suffit de poser $\alpha_{\hat{q}} = 0$ dans la preuve du théorème 3.1 du chapitre3, nous obtenons ainsi la deuxième expression du théorème 4.4.

∎

#### 4.4.2.2.    Stabilité du système hybride augmenté

Comme nous l'avons déjà mentionné, la stabilité du système augmenté (4.44) constitue la deuxième condition sur laquelle nous allons élaborer les contraintes de la stabilisation par retour d'état estimé. Ainsi, la stabilité de ce dernier se base sur le principe de l'existence des fonctions multiples de Lyapunov définie par :

$$V\left( \overline{x}(t) \right) = \overline{x}^T \overline{P}_q \overline{x} \tag{4.55}$$

où $\overline{P}_q$ est une matrice symétrique et définie positive, ainsi, il s'agit de déterminer la matrice de Lyapunov garantissant la stabilité exponentielle du système (4.44) et assurant la stabilisation du système (4.1) sous la loi de commande (4.40). Cette matrice peut avoir la forme suivante :

$$\bar{P}_q = \begin{bmatrix} P_{q_{11}} & P_{q_{12}} \\ P_{q_{12}}^T & P_{q_{22}} \end{bmatrix} \qquad (4.56)$$

Cette dernière peut être diagonale ou non. De ce fait, nous envisageons deux approches de synthèses. La première approche se base sur la stabilité exponentielle de (4.44) avec $P_{q_{12}} = 0$. Quant à la deuxième approche, elle s'appuie sur la stabilité exponentielle avec $P_{q_{12}} \neq 0$.

### 4.4.2.2.1.   Première approche

La stabilité exponentielle peut être garantie par le théorème.4.5:

***Théorème 4.5***

*Le système augmenté (4.44) est exponentiellement stable si et seulement les inégalités (4.48) et (4.49) sont satisfaites séparément et si il existe des matrices, $\bar{P}_q = \bar{P}_q^T > 0$ et un scalaire réel positif $\lambda\lambda_q$ satisfaisant les inégalités suivantes :*

$$\lambda\lambda_q \left( w_q A_q^T - N_q^T b_q^T + A_q w_q - b_q N_q + \alpha_q w_q \right) < 0 \qquad (4.57)$$

$$\lambda\lambda_q > \frac{\delta\delta_q}{\varphi_q} \qquad (4.58)$$

***Preuve***

Posons $\mu_q = \begin{bmatrix} 2\alpha_P & 0 \\ 0 & 0 \end{bmatrix}$ et $\bar{P}_q = \begin{bmatrix} \lambda\lambda_q w_q^{-1} & 0 \\ 0 & P_q \end{bmatrix}$, à partir de (4.45) et (4.42) nous aurons :

$$\begin{bmatrix} A_q - b_q k_q & b_q k_q \\ 0 & A_q - L_q C_q \end{bmatrix}^T \begin{bmatrix} \lambda\lambda_q w_q^{-1} & 0 \\ 0 & P_q \end{bmatrix} + \begin{bmatrix} \lambda\lambda_q & 0 \\ 0 & P_q \end{bmatrix} \begin{bmatrix} A_q - b_q k_q & b_q k_q \\ 0 & A_q - L_q C_q \end{bmatrix}$$
$$< - \begin{bmatrix} 2\alpha_q & 0 \\ 0 & 0 \end{bmatrix} \begin{bmatrix} \lambda\lambda_q w_q^{-1} & 0 \\ 0 & P_q \end{bmatrix} \qquad (4.59)$$

Développons (4.59)

$$\begin{bmatrix} \lambda\lambda_q \left(A_q - b_q k_q\right)^T w_q^{-1} & 0 \\ \lambda\lambda_q \left(b_q k_q\right)^T w_q^{-1} & \left(A_q - L_q C_q\right)^T P_q \end{bmatrix} + \begin{bmatrix} \lambda\lambda_q w_q^{-1} & 0 \\ 0 & P_q \end{bmatrix}\begin{bmatrix} A_q - b_q k_q & b_q k_q \\ 0 & A_q - L_q C_q \end{bmatrix}$$
$$< -\begin{bmatrix} 2\alpha_q & 0 \\ 0 & 0 \end{bmatrix}\begin{bmatrix} \lambda\lambda_q w_q^{-1} & 0 \\ 0 & P_q \end{bmatrix}$$

$$\begin{bmatrix} \lambda\lambda_q \left(A_q - b_q k_q\right)^T w_q^{-1} & 0 \\ \left(b_q k_q\right)w_q^{-1} & \left(A_q - L_q C_q\right)P_q \end{bmatrix} + \begin{bmatrix} \lambda\lambda_q w_q^{-1}\left(A_q - b_q k_q\right) & w_q^{-1}\left(b_q k_q\right) \\ 0 & P_q\left(A_q - L_q C_q\right) \end{bmatrix}$$
$$< -\begin{bmatrix} 2\alpha_q & 0 \\ 0 & 0 \end{bmatrix}\begin{bmatrix} \lambda\lambda_q w_q^{-1} & 0 \\ 0 & P_q \end{bmatrix}$$

$$\begin{bmatrix} \lambda\lambda_q\left[\left(A_q - b_q k_q\right)^T w_q^{-1} + w_q^{-1}\left(A_q - b_q k_q\right)\right] & \lambda\lambda_q w_q^{-1} b_q k_q \\ \lambda\lambda_q \left(b_q k_q\right)^T w_q^{-1} & \left(A_q - L_q C_q\right)^T P_q + P_q\left(A_q - L_q C_q\right) \end{bmatrix} < \begin{bmatrix} -\lambda\lambda_q 2\alpha_q w_q^{-1} & 0 \\ 0 & 0 \end{bmatrix}$$

Après le développement, nous aboutissons à :

$$\begin{bmatrix} \lambda\lambda_q\begin{bmatrix} \left(A_q - b_q k_q\right)^T w_q^{-1} \\ + w_q^{-1}\left(A_q - b_q k_q\right) + 2\alpha_q w_q^{-1} \end{bmatrix} & \lambda\lambda_q w_q^{-1} b_q k_q \\ \lambda\lambda_q\left(b_q k_q\right)^T w_q^{-1} & \left(A_q - L_q C_q\right)^T P_q + P_q\left(A_q - L_q C_q\right) \end{bmatrix} < 0 \qquad (4.60)$$

L'équation (4.60) n'est pas une LMI stricte à cause du produit $w_q^{-1} b_q k_q, w_q^{-1} b_q k_q$.

Afin d'aboutir à une LMI, multiplions l'inégalité à gauche et à droite par $\begin{bmatrix} w_q & 0 \\ 0 & I \end{bmatrix}$.

Effectuons la première multiplication :

$$\begin{bmatrix} w_q & 0 \\ 0 & I \end{bmatrix}\begin{bmatrix} \lambda\lambda_q\left[\left(A_q - b_q k_q\right)^T w_q^{-1} + w_q^{-1}\left(A_q - b_q k_q\right) + 2\alpha_q w_q^{-1}\right] & \lambda\lambda_q w_q^{-1} b_q k_q \\ \lambda\lambda_q\left(b_q k_q\right)^T w_q^{-1} & \left(A_q - L_q C_q\right)^T P_q + P_q\left(A_q - L_q C_q\right) \end{bmatrix} < 0$$

Effectuons un changement bijectif de la forme :

138

$$Z_q = L_q P_q \tag{4.61}$$

Le résultat obtenus sera multiplié par $\begin{bmatrix} w_q & 0 \\ 0 & I \end{bmatrix}$

$$\begin{bmatrix} \lambda\lambda_q w_q \left[ A_q^T w_q^{-1} - k_q^T b_q^T w_q^{-1} + w_q^{-1} A_q - w_q^{-1} b_q k_q + 2\alpha_p w_p^{-1} \right] & \lambda\lambda_q w_q w_q^{-1} b_q k_q \\ \lambda\lambda_q k_q^T b_q^T w_q^{-1} & \left[ A_q^T P_q - C_q^T Z_q^T + P_q A_q - Z_q C_q \right] \end{bmatrix} \begin{bmatrix} w_q & 0 \\ 0 & I \end{bmatrix} < 0$$

De même, posons $N_q = k_q w_q$, nous aboutissons :

$$\begin{bmatrix} \lambda\lambda_q \left( w_q A_q^T - N_q^T b_q^T + A_q w_q - b_q N_q + 2\alpha_p w_q \right) & \lambda\lambda_q b_q k_q \\ \lambda\lambda_q k_q^T b_q^T & A_q^T P_q + P_q A_q - Z_q C_q - C_q^T Z_q^T \end{bmatrix} < 0 \tag{4.62}$$

Appliquons le lemme de Schur à l'équation (4.62), ainsi, si

$$\lambda\lambda_q \left( w_q A_q^T - N_q^T b_q^T + A_q w_q - b_q N_q + \alpha_q w_q \right) < 0 \tag{4.63}$$

Alors, nous pouvons écrire

$$\lambda\lambda_q \left( w_q A_q^T - N_q^T b_q^T + A_q w_q - b_q N_q + \alpha_q w_q \right)$$
$$- \left( \lambda\lambda_q \right)^2 b_q k_q \left[ A_q^T P_q + P_q A_q - Z_q C_q - C_q^T Z_q^T + P_q \right]^{-1} \left( b_q k_q \right)^T < 0$$

$$- \left( \lambda\lambda_q \right)^2 b_q k_q \left[ A_q^T P_q + P_q A_q - Z_q C_q - C_q^T Z_q^T + P_q \right]^{-1} \left( b_q k_q \right)^T <$$
$$- \lambda\lambda_q \left( w_q A_q^T - N_q^T b_q^T + A_q w_q - b_q N_q + \alpha_q w_q \right)$$

Nous obtenons l'expression :

$$\left( \lambda\lambda_q \right) \underbrace{b_q k_q \left[ A_q^T P_q + P_q A_q - Z_q C_q - C_q^T Z_q^T \right]^{-1} \left( b_q k_q \right)^T}_{Gg_q}$$
$$> \underbrace{\left( w_q A_q^T - N_q^T b_q^T + A_q w_q - b_q N_q + \alpha_q w_q \right)}_{RR_q} \tag{4.64}$$

139

Par conséquent, la stabilité exponentielle est assurée si le scalaire $\lambda\lambda_q$ est supérieure au quotient des valeurs propres min et max de $Gg_q$ et $RR_q$. Ainsi, $\varphi_q$ représente la valeur propre minimale du terme $Gg_q$ et $\delta\delta_q$ la valeur propre maximale du second terme.

■

### 4.4.2.2.2. Deuxième approche

Dans la seconde approche, la stabilité du système augmenté se base sur les conditions du théorème.4.6.

**Théorème 4.6**

*Le système augmenté (4.44) est exponentiellement stable si et seulement les inégalités (4.48) et (4.49) sont satisfaites séparément et si il existe une matrice $\overline{P}$ symétrique définie par*

$$\overline{P} = \begin{bmatrix} P_{q_{11}}^{-1} & P_{q_{12}} \\ P_{q_{21}} & P_{q_{22}} \end{bmatrix} \text{ tel que } P_{q_{11}}^{-1} \text{ et } P_{q_{22}} \text{ des matrices définies positives et symétriques satisfaisant les}$$

*conditions suivantes :*

$$\overline{P}_q > 0 \tag{4.65}$$

$$\Omega_{2\times 2} < 0 \tag{4.66}$$

Avec

$$\Omega_{11} = P_{q_{11}}\left(A_q - b_q k_q\right)^T + \left(A_q - b_q k_q\right)P_{q_{11}} + 2\alpha_q P_{q_{11}}$$
$$\Omega_{12} = P_{q_{11}}\left(A_q - b_q k_q\right)^T P_{q_{12}} + b_q k_q + P_{q_{11}} P_{q_{12}}\left(A_q - L_q C_q\right)$$
$$\Omega_{21} = \Omega_{12}^T$$
$$\Omega_{22} = \left(A_q - L_q C_q\right)^T P_{q_{22}} + P_{q_{22}}\left(A_q - L_q C_q\right) + P_{q_{12}} b_q k_q + \left(b_q k_q\right)^T P_{q_{12}}$$

140

*Preuve*

Sachant que $\bar{P} = \begin{bmatrix} P_{q_{11}}^{-1} & P_{q_{12}} \\ P_{q_{12}}^{T} & P_{q_{22}} \end{bmatrix}$, remplaçons $\bar{A}$ et $\bar{P}$ et $k_q$ par leurs valeurs dans (4.45) nous

obtenons :

$$\begin{bmatrix} \left(A_q - b_q k_q\right)^T P_{q_{11}}^{-1} + P_{q_{11}}^{-1}\left(A_q - b_q k_q\right) & \begin{array}{c}\left(A_q - b_q k_q\right)^T P_{q_{12}} + P_{q_{11}}^{-1}b_q k_q \\ + P_{q_{12}}\left(A_q - L_q C_q\right)\end{array} \\ \begin{array}{c}P_{q_{12}}\left(A_q - b_q k_q\right) + \left(b_q k_q\right)^T P_{q_{11}}^{-1} \\ + \left(A_q - L_q C_q\right)^T P_{q_{12}}\end{array} & \begin{array}{c}\left(A_q - L_q C_q\right)^T P_{q_{22}} + P_{q_{22}}\left(A_q - L_q C_q\right) \\ + P_{q_{12}}b_q k_q + \left(b_q k_q\right)^T P_{q_{12}}\end{array} \end{bmatrix} < -\begin{bmatrix} 2\alpha_q P_{q_{11}}^{-1} & 0 \\ 0 & 0 \end{bmatrix} \quad (4.67)$$

Multiplions (4.67) de part et d'autre par $\begin{bmatrix} P_{q_{11}} & 0 \\ 0 & 0 \end{bmatrix}$, nous obtenons

$$\underbrace{\begin{bmatrix} P_{q_{11}}\left(A_q - b_q k_q\right)^T + \left(A_q - b_q k_q\right)P_{q_{11}} + 2\alpha_q P_{q_{11}} & \begin{array}{c}P_{q_{11}}\left(A_q - b_q k_q\right)^T P_{q_{12}} + b_q k_q \\ + P_{q_{11}}P_{q_{12}}\left(A_q - L_q C_q\right)\end{array} \\ \begin{array}{c}P_{q_{12}}\left(A_q - b_q k_q\right)P_{q_{11}} + \left(b_q k_q\right)^T \\ + \left(A_q - L_q C_q\right)^T P_{q_{12}}P_{q_{11}}\end{array} & \begin{array}{c}\left(A_q - L_q C_q\right)^T P_{q_{22}} + P_{q_{22}}\left(A_q - L_q C_q\right) \\ + P_{q_{12}}b_q k_q + \left(b_q k_q\right)^T P_{q_{12}}\end{array} \end{bmatrix}}_{\Omega_{2\times 2}} < 0 \quad (4.68)$$

∎

Notons que la stabilisation du SDH asymptotique peut être déduite directement des théorèmes.4.5 et 4.6. Il suffit tout simplement d'annuler le degré de stabilité.

*Remarque :*

Pour que la stabilisation, du système hybride par retour d'état avec l'observateur hybride, soit garantie, il faut que la dynamique de ce dernier soit plus rapide. Ainsi, il faudra que l'abscisse spectrale (les valeurs propres) de l'observateur soit plus grande en valeur absolue que celle du système commandé.

### 4.4.3. Simulation et résultats

Nous allons illustrer le principe de stabilisation d'uns SDH à travers le système hybride à deux modes défini par :

$$\begin{cases} \dot{x} = \begin{bmatrix} 0.5 & 3 \\ -50 & -2 \end{bmatrix}\begin{bmatrix} x_1 \\ x_2 \end{bmatrix} + \begin{bmatrix} -1 \\ 8 \end{bmatrix}u \quad \text{si } S_1 = 3x_1 + x_2 \\ \qquad\qquad y = -x_1 - 5x_2 \\ \dot{x} = \begin{bmatrix} -2 & 1 \\ 2 & 1 \end{bmatrix}\begin{bmatrix} x_1 \\ x_2 \end{bmatrix} + \begin{bmatrix} -8 \\ 1 \end{bmatrix}u \quad \text{si } S_2 = -0.3x_1 + x_2 \\ \qquad\qquad y = -4x_1 + x_2 \end{cases}$$

$S_q$ définie la condition de commutation entre les deux modes du système.

La Figure.19 représente le plan de phase du SDH et illustre l'instabilité du système global en boucle ouverte sous l'état initial $x_0 = \begin{bmatrix} 0.5 & -0.5 \end{bmatrix}^T$.

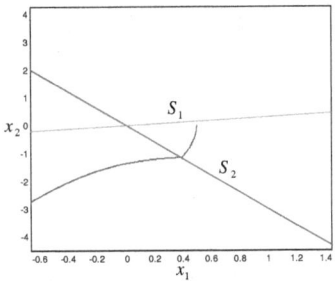

**Figure.19. Plan de phase du SDH**

Pour stabiliser ce dernier sous la loi de commande (4.40), il est préférable de procéder à l'estimation de la variable continue hybride à partir des mesures disponibles. Pour cela, considérons que le système évolue initialement dans le mode 1 (i.e., le marquage discret du *RdPdf* $M_0^D = \begin{bmatrix} 1 & 0 \end{bmatrix}^T$) et sous le même état initial continu qu'en boucle ouverte.

De même l'observateur continu a pour état initial $x_{0obs} = \begin{bmatrix} 1 & 0 \end{bmatrix}^T$ et pour le marquage initial discret $M_{0obs}^D = \begin{bmatrix} 0 & 1 \end{bmatrix}^T$ (il évolue initialement dans le mode 2).

142

Ainsi, l'application du principe de séparation et la résolution des inégalités (4.48) et (4.49) a donné les valeurs des matrices de Lyapunov garantissant l'estimation et la stabilisation suivantes:

$$w_1 = \begin{bmatrix} 0.1975 & -0.2033 \\ -0.2033 & 0.0480 \end{bmatrix} \times 10^{-6}, \; w_2 = \begin{bmatrix} 0.1975 & -0.2033 \\ -0.2033 & 0.0480 \end{bmatrix} \times 10^{-6}$$

$$P_1 = \begin{bmatrix} 2.8075 & -0.0068 \\ -0.0068 & 0.1519 \end{bmatrix} \times 10^{7}, \; P_2 = \begin{bmatrix} 4.6573 & -1.3095 \\ -1.3095 & 0.3689 \end{bmatrix} \times 10^{7}$$

L'application du théorème 4.5 conduit à la stabilité du système augmenté pour $\lambda\lambda_1 = 1$ et $\lambda\lambda_2 = 2$.

En revanche, l'application du théorème 4.6 a donné la matrice de Lyapunov stabilisant le système augmenté suivante:

$$P_{1_{11}} = w_1, \; P_{1_{12}} = \begin{bmatrix} -0.1854 & -0.0007 \\ -0.0007 & 0.0035 \end{bmatrix} \times 10^{-5}, \; P_{1_{22}} = P_1 \text{ pour le premier mode}$$

$P_{2_{11}} = w_2$, $P_{2_{12}} = P_{1_{12}}$, $P_{2_{22}} = P_1$ pour le second mode.

Les résultats de simulation issus de ces valeurs sont donnés dans ce qui suit :

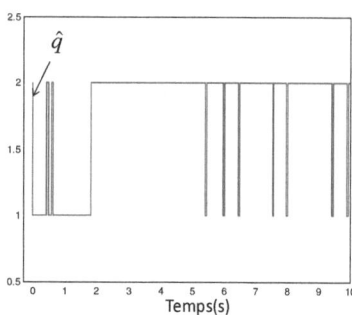

**Figure 20. Mode réel et mode estimé**

La Figure.20 décrit le mode discret réel et estimé. Nous constatons que l'observateur discret détecte avec exactitude et dans un temps minimal le mode discret.

La Figure.21 illustre les variables estimées. Ces dernières convergent vers les états réels et nous remarquons la rapidité de l'observateur par rapport à celle du contrôleur que nous pouvons vérifier par le biais des valeurs propres de l'observateur.

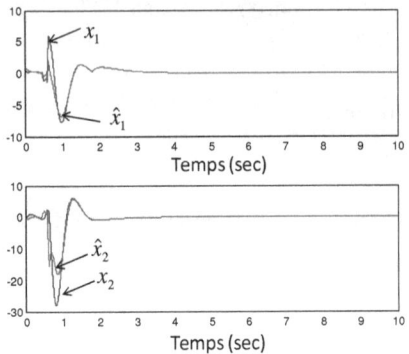

**Figure 21. Etats estimés et états réels**

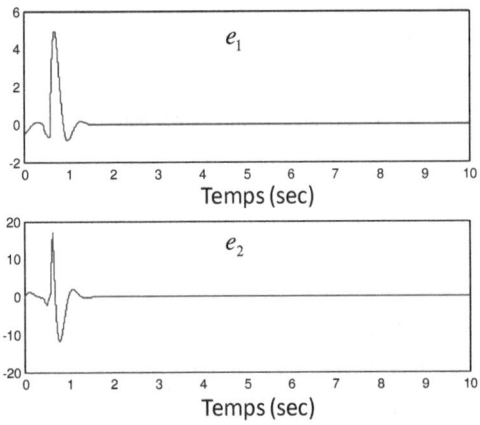

**Figure 22. Erreurs d'estimation**

Ainsi, la convergence de l'observateur est confirmée via les résultats de la Figure 22. Cette dernière converge vers zéro au bout de 2 s.

Le système hybride sous la loi de commande de la Figure.23 est stable. En conséquent, ces résultats confirment la pertinence des approches proposées.

144

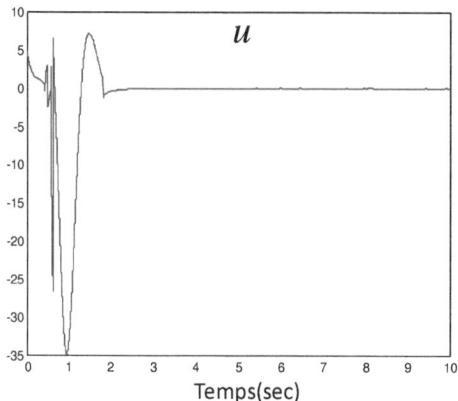

**Figure.23. La loi de commande**

Afin de montrer la différence entre les deux approches, la comparaison sera effectuée de la manière suivante :

Nous avons varié les valeurs du vecteur $b_q$, le résultat obtenu sous ces conditions est illustré par la Figure.24. Cette dernière correspond aux domaines de faisabilité des inégalités des théorèmes.4.5 et 4.6. Ainsi, les domaines de faisabilité des conditions du théorème.4.5 et du théorème.4.6 sont obtenus en fonction des composantes $b_1(2)$ et $b_2(1)$. Nous constatons que les conditions de stabilité du théorème.4.6 ont un domaine de faisabilité plus large que celui du théorème.4.5. Cela montre bien que les conditions de stabilisation du théorème.4.5 sont plus conservatives.

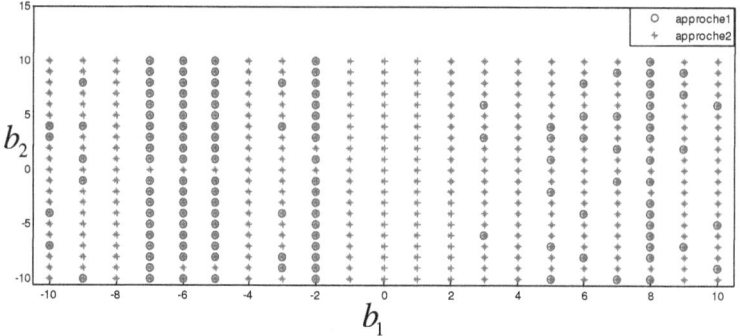

**Figure.24. Domaine de faisabilité des approches proposées**

145

## 4.5. Conclusion

Dans ce chapitre, nous avons abordé les problèmes de stabilisation des SDH modélisés par les *RdPdf* et d'estimation de l'état hybride sous deux aspects. Dans le premier aspect, nous avons considéré le temps de séjour comme contrainte de stabilisation et d'estimation. Quant à la deuxième vision le problème a été traité en termes d'élaboration d'une loi de commande stabilisant le SDH.

Dans la première partie de ce chapitre, nous avons établi trois méthodes de synthèse d'observateurs hybrides se basant sur l'approche du temps de séjour. Ces dernières garantissent la convergence de l'observateur durant le mode actif sous l'aspect que le temps de séjours de l'observateur correspondant à chaque mode est prise comme une variable LMI.

Dans le second point, l'observateur converge durant le temps de séjours minimal de tous les sous systèmes. Quant à la troisième méthode, elle est basée sur un placement de pôle dans une région LMI limitant les valeurs propres de l'observateur à l'intérieur d'une zone désirée.

Nous avons vu que le placement des pôles de l'observateur à l'intérieur d'une région LMI réduit la sensibilité de l'observateur vis à vis des bruits de mesure et améliore considérablement les performances dynamiques de ce dernier. Des résultats de simulation de ces approches ont permis d'illustrer que l'introduction du temps de séjour dans les contraintes de convergence de l'erreur d'estimation garantissent la stabilisation du SDH.

Du point de vue de la commande, nous avons proposé la synthèse d'une loi de commande par retour d'état estimé. Ainsi, deux approches de stabilisation via un observateur hybride ont été développées. Ces deux dernières sont établies sous le principe de la convergence exponentielle du système augmenté et sous l'application du principe de séparation. Dés lors, la stabilité asymptotique des SDH sous ces conditions est déduite des résultats de la stabilité exponentielle.

Notons que la pertinence des approches de stabilisation via l'estimation est illustrée à travers des exemples numériques. Nous avons également montré que la stabilisation basée sur des matrices de Lyapunov diagonales est conservative. Afin d'élargir le domaine de solution, nous avons proposé une solution alternative obéissant aux contraintes de la deuxième approche.

# Conclusion et Perspectives

Ce travail présente une contribution à la synthèse d'observateurs pour les systèmes dynamiques hybrides (SDH) décrits par un *modèle mixte* basé sur les réseaux de Petri. En effet, la modélisation hybride peut être distinguée sous trois aspects : l'aspect continu, l'aspect discret et l'aspect hybride. Les deux premières visions reposent sur l'intégration de l'aspect hybride dans le modèle continu ou le modèle discret du système. Malheureusement, elles ne permettent pas de représenter efficacement à la fois la partie discrète et la partie continue, mais se contentent de privilégier l'une des deux au détriment de l'autre. Entre les deux visions, nous trouvons l'approche mixte. Dans cette dernière, chacune des deux composantes (discrète et continue) est représentée de façon rigoureuse et explicite grâce à l'un des formalismes succinctement présenté dans le chapitre 1.

La modélisation hybride a engendré de nombreux travaux dans divers axes de l'automatique tels que la commande, l'analyse de stabilité, l'estimation de l'état et le diagnostic. Cependant, il existe peu de travaux dans le cadre de l'estimation de l'état hybride à partir d'un modèle mixte dé la phase de la modélisation (c. a. d. en tenant compte du couplage liant les deux composantes hybrides).

Ainsi, avant d'entamer le problème de l'estimation de l'état hybride, nous avons exposé dans le chapitre 1 la théorie des SDH. De ce fait, nous avons discuté des approches classiques utilisées pour la modélisation et l'analyse de la stabilité des SDH. Suite à cette discussion, nous avons retenu une approche mixte basée sur les *Réseaux de Petri Différentiels (RdPdf)*. Ces derniers associent des réseaux de Petri discrets à des places et transitions différentielles.

Le chapitre 2 présente nos contributions dans le cadre de la modélisation des SDH par *RdPdfs*. Dans ce contexte, nous avons particulièrement présenté une méthodologie de modélisation pour une large classe de SDH. Cette modélisation a principalement l'avantage d'être modulaire permettant ainsi d'utiliser les sous modèles proposés d'une façon simple pour reproduire fidèlement le fonctionnement d'une large classe de SDH incluant des SDH non autonomes. Un certain nombre de transformations mathématiques a été aussi proposé afin de faciliter la tâche de simulation, de synthèse d'observateur, de commande ou de diagnostic. Ce chapitre présente également quelques contributions concernant la stabilité des SDH et illustre ces conditions avec des exemples de simulation.

Le troisième chapitre présente une structure originale d'un observateur hybride exploitant la puissance de notre formalisme de modélisation. Cette structure possède l'avantage d'utilise un observateur continu et un observateur discret en interaction. Le travail réalisé dans le cadre de ce chapitre démontre aussi les conditions de convergence de l'erreur d'estimation d'état de l'observateur proposé, pour des SDH autonomes non autonomes. Ces conditions données sous forme d'inégalités linéaires matricielles (LMI) concernent à la fois le cas où l'observateur et le système évoluant dans le même mode discret et le cas où l'observateur rate une commutation.

Le dernier chapitre contribue à la commande des SDH en s'intéressant au problème d'estimation dans le contexte de stabilisation de SDH. Ainsi, le problème de la convergence de l'observateur continu dans le mode courant du SDH a été reformulé dans un premier temps en intégrant des contraintes sur le temps de séjours minimal. Par ailleurs, nous nous sommes intéressés à la sensibilité de l'observateur vise à vis aux bruitx de mesure. Dans ce cadre, nous avons proposé une approche d'estimation de l'état hybride se basant sur un placement de pôles des valeurs propres de l'observateur dans une région LMI. Ceci a amélioré largement les performances et la dynamique de l'observateur hybride synthétisé. Quant à la dernière partie du dernier chapitre, elle a été consacrée à la stabilisation des SDH à temps continu par retour d'état en formulant le problème sous forme d'un ensemble de contraintes LMI. La résolution de ces dernières conduit à la recherche des matrices de Lyapunov que nous avons supposé diagonales dans un premier cas et non diagonales dans le second cas. Ainsi, nous avons prouvé que l'existence des matrices de Lyapunov multiples non diagonales réduit le conservatisme issu des conditions de stabilisation des SDH basée sur les matrices de Lyapunov multiple diagonales.

## *Perspectives*

A l'issue de ce mémoire, plusieurs problèmes demeurent ouverts. Nous présentons ici celles qui nous semblent prometteuses.

Une perspective immédiate de ce travail de recherche consiste à considérer l'estimation de l'état sous l'hypothèse de la non-connaissance des conditions de commutations. Aussi, notre contribution est essentiellement théorique et il serait intéressant de tester sa pertinence expérimentalement.

L'un des problèmes rencontrés lors de la réalisation de ce travail est le conservatisme des LMI élaborées. Afin de réduire le conservatisme issu de l'utilisation des fonctions quadratiques de Lyapunov, la méthodologie de l'élaboration des conditions de convergences pourra être orientée vers les fonctions de Lyapunov non quadratiques.

Enfin, il serait intéressant d'adapter les observateurs proposés pour le diagnostic et la commande tolérante aux défauts

# Bibliographies

[Alessandri. A, Coletta. P. 2001], "Design of Luenberger Observers for a class of hybrid linear systems". *Eds., Hybrid systems: computation and control. Lecture notes in computer science. vol 2034, pp .7-18. Springer-verlag. 2001.*

[Alla. H, David. R. 97], " Du Grafcet Aux réseaux de Petri". *Hermès. (Ed). Paris. 1997*

[Alla. H, David. R. 98a], "A Modelling and Analysis Tool for Discrete Events Systems: Continuous Petri Net". *Performance Evaluation 33 (1998) 175-199. 1998*

[Alla. H, David. R. 98b], "Continuous and hybrid Petri Nets". *Journal of Circuit Systems and Computers. pp. 159-188. 1998.*

[Alla. H, David. R. 2004], "Discrete, Continuous, and Hybrid Petri Net". *Book. Springer edition. 2004.*

[Allam. M, Alla. H. 98], " Hybrid Petri Nets: Modeling and Analysis, " *Ecole d'été MOVEP (Nantes, France), pp. 374-383, July. 1998.*

[Alur. R. 99], "Timed Automata". *NATO-ASI 1998 Summer School on Verification of Digital and Hybrid Systems.* A revised and shorter version appears in *11th International Conference on Computer-Aided Verification, LNCS 1633, pp. 8-22, Springer-Verlag. 1999.*

[Asarin. E, Dang. T. 2004]," Abstraction by Projection and Application to Multi-affin Systems". *HSCC'04. Hybrid systems: Control and Computation. 2004.*

[Asarin. E, Gordon.P, Schnieder. G.2007], "Algorithmic Analysis of Polygonal Hybrid Systems, Part II: Phase Portrait and Tools". *Elsevier Science.2007.*

[Aswani. A, Tomlin. C. 2007], "Reachability Algorithm for Biological Piecewise Affine Hybrid Systems". *In Hybrid systems: Computer and Control. 2007.*

[Arcak. M, Sontag. E. D. 2008]," A Passivity-Based Stability Criterion for a Class of Interconnected Systems and Applications to Biochemical Reaction Networks". *Mathematical Biosciences and Engineering,* vol. 5. N°. 1, pp. 1-19, January, 2008.

[Artstein, 96], " Examples of Stabilization with Hybrid Feedback". *In Hybrid Systems III: Verification and Control, Lecture Not in Computer Science. Vol 1066. pp. 173_185. 1996.*

[Antsaklis. P. J. 2000], "Special issue on hybrid systems: Theory and applications, a brief Introduction to the Theory and Applications of Hybrid Systems". *Proceeding of the IEEE. Vol. 88. N°. 7. pp. 879-889. July 2000.*

[Antsaklis. P. J. 2002], "Hybrid Systems Control". *Encyclopedia of Physical Science and Technology, Academic Press. 2002.*

[Antsaklis. P.J, Koustoukos. X 2003], "Hybrid Systems: Review and Recent Progress". *Chapter in Software-Enabled Control: Information Technologies for Dynamical Systems, T. Samad and G. Balas, Eds, IEEE Press.*

[Babaali. M. Egerstedt. M. 2004a], "On the Observability of Piecewise Linear Systems". *On 43$^{rd}$ IEEE Conference on Decision and Control December, 14-17, 2004 Atlantis, Paradise Island, Bahamas.2004.*

[Babaali. M. 2004b], "Switched linear systems: Observability and observers". *PhD thesis, Georgia Institute of Technology. March, 2004*

[Balluchi. A, Benvenuti. L, Di Benedetto. M, Vincentelli. 2001], "A Hybrid Observer for the Driveline Dynamics". *Proceeding of the European control conference. Porto, Portugal, September, 2001*

[Balluchi. A, Benvenuti. L, Di Benedetto. M, Vincentelli. 2002a] "Design of Observers for Hybrid System". *Eds., Hybrid Systems: Computation and control (HSCC'02). Vol. 2289, LNCS, pp. 76–89. Springer-Verlag, 2002.*

[Balluchi. A, Benvenuti. L, Sangiovanni. L, 2002a], "Observers for Hybrid Systems with Continuous state Resets". *In Proceeding 10$^{th}$ Mediterranean Conference on Control and Automation.2002*

[Bara. I, Boutayeb. M, 2006], "Switched output feedback stabilization of discrete time switched". *Proceedings of Conference on Decision and Control. pp. 2667-2672. 2006.*

[Barbot. J. B, Saadaoui. H, Djemai. M, Manamanni. N, 2007], "Nonlinear observer for autonomous switching systems with jumps". *Non linear Analysis: Hybrid Systems. Pp. 537_547. 2007.*

[Bemporad. A, Morari. M, 99], "Control of Systems Integrating Logic, Dynamics, and Constraints". *Automatica, vol. 35. N°. 3, pp. 407-427. March, 1999.*

[Bemporad. A, Ferari-Trecate. G. Morari. M, 2000], "Observability and Controllability of Piecewise Affine and Hybrid Systems". *IEEE Transactions On Automatic Control. vol. 45, N°. 10, October, 2000.*

[Bemporad. A, Bianchini. G, Brogi. F. 2008], " Passivity Analysis and Passification of Discrete-Time Hybrid Systems". *IEEE Transactions On Automatic Control, vol. 53, N°. 4, May, 2008.*

[Bernussou. J, Elmahrzi. E, Mhiri. R. 2007], "Stability and Stabilization for Uncertain Switched Systems, a Polyquadratic Lyapunov Approach". *int. Journal on sciences and Techniques of Automatic Control Vol 1, N°1. 2007.*

[Birouche. A. 2006a], " Contribution sur la synthèse d'observateurs pour les systèmes dynamiques hybrides". *Thèse de Doctorat en automatique et traitement du signal. Centre de Recherche en Automatique de Nancy. 2006.*

[Birouche. A, Daafouz. J, Iung. C. 2006b], "Observer Design for Class of Discrete Time Piecewise-Linear System". *In: 2nd IFAC Conf. on Analysis and Design of Hybrid Systems, Alghero, Italy, June, 2006.*

[Borrelli. F. 2003], "Constrained Optimal Control of Linear and Hybrid Systems". *Lecture Notes in Control and Information Sciences, springer edition. 2003.*

[Boukas. E. 2005], " Stochastic Switching Systems *Analysis and Design". Control Engineering Series Editor William S. Levine. 2005.*

[Bourjij. A, Koenig. D. 1999], "An original Petri net state estimation by a reduced Luenberger observer". *Proceeding of the American Control Conference. San Diego, California. 1999.*

[Boyd. S, El Ghaoui. L, Feron. E, Balakrishnan. V. 95], "Linear matrix inequalities in system and control theory". *Society for industriel and applied Mathematics, SIAM ph. Philadelphia (USA). 1995.*

[Branicky. M. S. 93], "Asymptotic stability of m-switched systems using Lyapunov-like functions". *LIDS Tech. Report, 2214. 1993.*

[Branicky. M.S. 94], " Stability of Switched and Hybrid Systems". *Proceeding of the 33$^{rd}$ Conference On decision and Control. 19941994 American Control Conf.*, pp. 3110-3114, Baltimore, June 1994.

[Branicky. M. S. 96], "Studies in Hybrid Systems: Modeling, Analysis, and Control". *PhD Thesis, Massachusetts Institute of Technology. 1996.*

[Branicky. M. S. 97], " Stability of Hybrid Systems: State Of the Art". *Proceeding of the 36$^{th}$ Conference On Decision and Control. 1997.*

[Branicky. M. S. 98], Multiple Lyapunov Functions and Other Analysis Tools for Switched and Hybrid Systems". *IEEE Trans. Automatic Control*, 43(4):475-482. *April, 1998.*

[Buisson. J. LU. Y, 94], "Analyse des Systèmes Hybrides avec Les Bond-Graphs.Modes Impulsionnels et Formulation Implicite". *ADPM'94. pp. 77_82. 1994.*

[Burnoussou, 99], "A new Discrete Time Robust Stability Condition", *Systems and Control Letters. vol. 37. pp. 261-265. 1999.*

[Cabasino. M. P, Gia. A. Mahulea. C, Racalde. L, Seatzu. C, Silva. M. 2007], "State Estimation of Petri Nets by Transformation". *Proceedings of the 3rd Annual IEEE Conference on Automation Science and Engineering Scottsdale, AZ, USA, Sept 22-25. 2007.*

[Champagnat. R. 97], "Modeling Hybrid Systems by Meand of High_level Petri Nets: Benefits and limitations". *Commande des Systèmes Industriels (CIS). Vol. 1. pp. 469_475. 1997.*

[Champagnat. R, Esteban. P, Pingaud. H. Valette. R. 98a], "Petri Net Based Modeling of Hybrid Systems". *Computers in Industry 36 1998. 139–146. 1998.*

[Champagnat, 98b], "Supervision des Systèmes Discontinus: Définition d'un Modèle Hybride et Pilotage en temps réel". *Thèse de doctorat en Informatique industriel-Productique. Université Paul Sabalier Toulous. 1998.*

[Cassandras. C. G, Lafortune. S. 2008], "Introduction to Discrete Event Systems". *Book. Springer edition. 2008.*

[Chaib.S, Benali. A, Boutat. D, Barbot.j.P. 2006], "Algebraic and Geometrical Conditions for the Observability of the Discrete State of a Class of Hybrid Systems". *Proceedings of the 2006 IEEE International Conference on Control Applications Munich, Germany. October, 2006.*

[Chilali, 96], "H∞ Design with Pole Placement Constraints: an LMI approach". *IEEE Transaction on Automatic Control. pp 358-367. 1996*

[Chilali. M, Gahinet. P, Apckarian. P. 99]," Robust Pol Placement in LMI Regions". *IEEE Tranctions On Control. Vol. 44. N°. 12. 1999.*

[Chouikha. M, Schnieder. E. 98], "Modelling of Continuous-discrete Systems with Hybrid Petri Nets". *Proceeding of CESA Computational Engineering in Systems. 1998.*

[Collins. P, Van Schuppen. J. 2004], "Observability of Piecewise-Affine Hybrid Systems". *R. Alur and G.J. Pappas (Eds.): HSCC 2004, LNCS 2993, pp. 265–27. 2004.*

[Cuzzola. F, Morari. M. 2001], "A Generalized Approach for Analysis and Control of Discrete-Time Piecewise Affine and Hybrid Systems". *M.D. Di Benedetto, A. Sangiovanni-Vincentelli (Eds.): HSCC 2001, LNCS 2034, pp. 189-203. Springer-Verlag Berlin Heidelberg. 2001*

[Daafouz. J, Riedinger. P, Iung. C. 2001], "Static output feedback control for switched systems". *Proceedings of Conference on Decision and Control. 2001.*

[Daafouz J, Riedinger. P, Iung. C. 2002], " Stability Analysis and Control Synthesis for Switched Systems: A Switched Lyapunov Function Approach". *IEEE Transactions On Automatic Control. vol. 47. N°. 11, November, 2002.*

[Daafouz J, Riedinger. P, Iung. C. 2003], "Observer based switched controller design for discrete time switched system". *European Control Conference. 2003.*

[David. R. 2000], "Modeling by Hybrid Petri Nets and Extended Hybrid Petri Nets". *Proceeding of 4th international Conference Automation of mixed Processes: Hybrid dynamical Systems pp. 3-6. 2000.*

[David. R, Alla. H. 2001], "On Hybrid Petri Nets". *Discrete Event Dynamic Systems: Theory and Applications. 2001.*

[Da-Wei. D, Hang Yong. G. 2008], "State feedback control design for continuous time Piecewise linear systems: An LMI approach". *American Control Conference. pp. 1104-1108. 2008.*

[Dayawansa.W, Martin.C.F. 99], "A Converse Lyapunov Theorem for a Class of Dynamical Systems which Undergo Switching". *IEEE TRANSACTIONS ON AUTOMATIC CONTROL, VOL. 44, N°. 4. APRIL, 1999.*

[De la Sen. M, Ibeas. A. 2008], "Stability Results for Switched Linear Systems with Constant Discrete Delays". *Hindawi Publishing Corporation Mathematical Problems in Engineering Volume 2008, Article ID 543145, 28 pages doi:10.1155/2008/543145. 2008.*

[De la Sen. M, Ibeas. A. 2009], "Stability Results of a Class of Hybrid Systems under Switched Continuous-Time and Discrete-Time Control". *Hindawi Publishing Corporation Discrete*

*Dynamics in Nature and Society Volume 2009, Article ID 315713, 28 pages doi:10.1155/2009/315713. 2009.*

[Decarlo.R, Branicky. MS, Pettersson. S, Lennartson.B. 2000]. "Perspective and Results on The Stability And Stabilizability of Hybrid Systems". *Proceeding of the IEEE, vol. 8. N° 7. July. 2000.*

[Demongodin. I, Koussoulas. N.T. 96], "Modeling Dynamic Systems through Petri Nets". *Proc. IEEE-Systems, Man and Cybernetics CESA'96 (Computational Engineering in Systems Applications) IMACS Multiconference (Symp. on Discrete Events and Manufacturing Systems), Lille, France, July 1996, pp. 279-284. 1996.*

[Demongodin. I, Rouibia. S. 2003], "Modelisation par Reseaux de PETRI Lots et Analyse de L'état stable par Automates Hybrides". *4e Conférence Francophone de Modélisation et SIMulation "Organisation et Conduite d'Activités dans l'Industrie et les Services" MOSIM'03 – du 23 au 25 avril 2003 - Toulouse (France). 2003.*

[Demongodin I, Koussoulas. N.T. 2006.], "Differential Petri net models for industrial automation and supervisory control". *IEEE Trans. System, Man and cybernitics -Part C, Application and Reviews. vol. 36. N° 4. July, 2006.*

[De schutter. B, Heemels. W. P.M. H, Bemporad. A. 2003], "Modeling and Control of Hybrid Systems". *Lecture notes of the DISC. 2003.*

[De santi. E, Di Benedetto. M.D, Pola. G. 2003], "On Observability and Detectability of Continuous-time Linear Switching Systems". *Proceedings of the 42nd IEEE Conference on Decision and Control Maul, Hawaii USA, December, 2003.*

[De Santi et al, 2006], "Observability of Internal Variables in Interconnected Switching Systems". *Proceedings of the 45th IEEE Conference on Decision & Control Manchester Grand Hyatt Hotel San Diego, CA, USA, December 13-15, 2006.*

[Dotoli. M, Fanti. M.P, Guia. A, Seatzu. C. 2006], "First-order hybrid Petri nets. An Application to Distributed Manufacturing Systems". *Nonlinear Analysis: Hybrid Systems. 2006.*

[Dotoli. M, Fanti. M. P, Guia. A, Seatzu. C. 2008], "Petri Nets Theory and Aplication". *Advanced Robotic Systemss Int, V.Kodic(Ed). 2008.*

[Dvaros. G. N, Koussoulas. N.T. 2002], "A General Methodology For Stability Analysis Of Differential Petri Nets". *Proceedings of the 10th Mediterranean Conference on Control and Automation. Lisbon, Portugal, July 9-12, 2002.*

[Dvaros. G. N, Koussoulas. N.T. 2007], "Modeling and stability analysis of state-switched hybrid systems via differential Petri net". *In simulation modelling practice and theory 15 (2007) 879-893. 2007.*

[Ebenbauer. C, Allgower. F. 2005], "Stability Analysis of Constrained Control Systems: An Alternative Approach". *Preprint in Systems & Control Letters. 2005*

[Eberhard. M, Krebs. V. 2004], " Stochastic State Reconstruction In Piecewise Affine Hybrid Systems Based On Discrete Measurements". *IFAC. 2004.*

[Feng, 2003], "Observer based output feedback controller design of Piecewise discrete time linear systems". *Proceedings of IEEE Transactions on Circuit and Systems. vol. 50. N°. 3. pp. 448-451. 2003.*

[Ferrari.G, Cuzzola. F.A, Mignone. D, Morari. M. 2002], Analysis of Discrete-Time Piecewise Affine and Hybrid Systems". *In Automatica, 2002.*

[Funiak, 2004], "State estimation of probabilistic hybrid systems with particle filters". *In partial fulfillment of the requirements for the degree of Master of Engineering in Electrical Engineering and Computer Science at the Massachusetts of Technology. 2004*

[Ghoumri. L, Alla. H. 2007], "Modeling and analysis using hybrid Petri nets". *Non Linear Analysis ; Hybrid Systems , Elsevier 2007, 141-153. 2007.*

[Giua A, Seatzu. C. 2001a], "The observer Coverability Graph for Analysis of Observability Properties of Place/transition Nets". *In Proc. 6th European Control Conference. 2001*

[Giua. A, Seatzu. C. 2001b], "Design of observers/controllers for discrete event systems using Petri". *in Synthesis and Control of Discrete Event Systems, B. Caillaud, X. Xie, Ph. Darondeau and L. Lavagno (Eds.), pp. 167-182, Kluwer, 2001.*

[Giua. A, Basile. F. 2002], "Petri Net Control using event observers and timing information". *Proceeding of the 41ˢᵗ IEEE Conference on Decision and Control, Nevada, Descember, 2002.*

[Giua. A, Seatzu. C, Basile. F. 2003], " Marking Estimation of Petri Nets based on Partial Observation". *Proceeding of the American Control Conference 326 Denver. Colorado* june 4-6, *2003*

[Giua A, Seatzu. C. Basile.F. 2004], "Observer-Based State-Feedback Control of Timed Petri Nets With Deadlock Recovery". *IEEE Tranactions On Automatic Control, VOL. 49, N° 1, JANUARY 2004.*

[Goebel. R, Haspanha.J, Teel. A, Cai. C, Sanfelice. R. 2004], "Hybrid Systems: Generalized Solutions And Robust Stability". *6ᵗʰ IFAC Symposium on non linear Control Systems. 2004.*

[Goebel. R, Teel. A, Sanfelice. R. 2009], "Hybrid dynamical systems". *IEEE CONTROL SYSTEMS MAGAZINE April, 2009*

[Gomez. D, Ramireze-Prado. G, Trevino. R, Ruiz-Leon. J. 2008], "Joint state-mode observer design for switched linear systems". *Proceeding IEEE. 2008.*

[Haas. P. J. 2004], " Stochastic Petri Nets For Modelling And Simulation". *Proceedings of the 2004 Winter Simulation Conference, R. G. Ingalls, M. D. Rossetti, J. S. Smith, and B. A. Peters, eds. 2002.*

[Haddad. W, Chelaboina.V. 2001], "Dissipativity Theory and Stability of feedback interconnections for hybrid dynamical system". *Mathematical Problems in Engineering. 2001.*

[Haddad. W, Chellaboina. V, Nersesov. S. G.. 2006], "Impulsive and Hybrid Dynamical Systems". *Princeton Series In Applied Mathematics. 2006.*

[Hadjikostis. 2006], " State Estimation in Discrete Event Systems Modeled by Labeled Petri Nets". *Proceeding , IEEE Conference on Decision and Control. 2006.*

[Hai, 2009], "Stability and Stabilizability of Switched Linear Systems: A Survey of Recent Results". *IEEE Transaction On Automatic Control. 2009.*

[Hamdi. F, Manamanni. N, Messai. N, Benmahammed. K. 2008a], "Hybrid observer design for switched linear systems using differential Petri net". *IEEE MED'08 "Mediterranean Conference on Control and Automation. .Ajaccio, French. June. 2008.*

[Hamdi. F, Messai. N, Manamanni. N. 2008b], " Synthèse d'observateur hybride pour le diagnostic d'une classe de système à commutation". *Workshop Surveillance, Sureté et Sécurité des Grandes Systèmes, 3SGS08, Troyen, France. 2008.*

[Hamdi F, Messai. N, Manamanni. N, Benmahammed. K. 2008c], "Differential Petri Net observer for Piecewise linear Systems". *The Ninth International Conference on Sciences and Techniques of Automatic Control & Computer engineering Sousse, Tunisia (STA). 2008.*

[Hamdi F, Messai. N, Manamanni. N. 2009a], "Design of switched observer using timed differentials Petri nets :A dwell time approach". *European Control Conference. 2009.*

[Hamdi F, Messai. N, Manamanni. N. 2009b], "Observateur hybride pour des systèmes à commutations non autonomes". *Workshop Surveillance, Sureté et Sécurité des Grandes Systèmes, 3SGS09, Nancy, France. 2009.*

[Hamdi. F, Manamanni. N, Messai. N, Benmahammed. K. 2009c], "Hybrid observer design for switched linear systems via differentials Petri Nets". *Nonlinear Analysis: Hybrid System. pp. 310-322. 2009.*

[Heemels. W. P.M.H, Weiland. S, Juloski. A. 2007], "Input-to-State Stability of Discontinuous Dynamical Systems with an Observer-Based Control Application". *HSCC. 2007.*

154

[Heemels. W, Lazar. M, Wouw. V, Pavlov. A. 2008], "Observer-based Control of Discrete-time Piecewise Affine Systems: Exploiting Continuity Twice". *Proceedings of the 47th IEEE Conference on Decision and Control Cancun, Mexico, Dec. 9-11, 2008*

[HenZenger. T. 96], "The Theory of Hybrid Automata". *Proceeding of the 11th Annual on Logic in Computer Science, IEEE Computer Society Press. pp; 278-292. 1996.*

[Hespanah. J. P, Morse. S. 99], "Stability Of switched Systems With Average Dwell Time". *Proceedings of the 38 th, Conference on Decision & Control Phoenix, Arizona USA, December 1999*

[Hespanha. J. P. 2004], " Uniform Stability of Switched Linear Systems Extensions of la Salle's Invariant principal". *IEEE Transaction on Automatic Control. 2004.*

[Hien. L.V, Ha. Q.P, Phat. V. N. 2009], "Stability and stabilization of switched linear dynamic systems with time delay and uncertainties". *Applied Mathematics and Computation 210 (2009) 223–231. 2009.*

[Hofbaur. M. W. 2005], "Hybrid Estimation of Complex Systems". © *Springer-Verlag Berlin Heidelberg. 2005.*

[Hwang. I, Blakrishnan. H, Tomlin. C. 2006], State estimation for hybrid systems: applications to aircraft tracking". *IEE Proc.-Control Theory Appl., Vol. 153, No. 5, September, 2006.*

[Hawang. I, Blakrishnan. H, Tomlin. C. 2003], "Multiple Target Tracking and Identity Management Algorithm for Air Traffic Control". *In the proceeding of the 2 end IEEE Sensors. 2003.*

[Iung. C. 2006], "Optimal control In Hybrid Systems". *Second IFAC Conference on Analysis and Design of Hybrid Systems. 2006.*

[Johansson. M, Rantzer. A. 98], " Computation of Piecewise Quadratic Lyapunov Functions for Hybrid Systems". *IEEE Transactions On Automatic Control, Vol. 43, N°. 4, April, 1998.*

[Johannson. M. 2003], "Piecewise Linear Control Systems: A Computational Approach". © *Springer-Verlag Berlin Heidelberg, 2003.*

[Juloski. A, Hemels. W, Boers. Y, Verschur.F. 2003a], "Observer design for class of piecewise affine systems". *Proceeding of conference on decision and control. Las Vegas, USA. 2002, pp. 2606-2611. 2003.*

[Juloski. A, Hemels. W, Boers. Y, Verschur.F. 2003b], "Two Approaches to State Estimation for a Class of Piecewise Affine Systems". *Proceedings of the 42nd IEEE Conference on Decision and Control Maui, Hawaii USA, December, 2003.*

[Juloski. A. 2004], "Observer Design and Identification Methods for Hybrid Systems: Theory and Experiments". *PhD Thesis. Eindhoven: Technische Univesiteit. 2004.*

[Julvez. J, Jimenez. E, Recalde. L, Silva. M. 2004b], "On Observability in Timed Continuous Petri Net Systems". *Proceedings of the First International Conference on the Quantitative Evaluation of Systems. (QEST). IEEE Computer Society., Enschede, The Netherlands. 2004.*

[Julvez. J. 2004a], " Algebraic Techniques for the Analysis and Control of Continuous Petri Nets". *Phd Thesis Zaragoza University .2004.*

[Julvez. J, Jimenez. E, Recalde. L, Silva. M. 2008], " On observability and Design of observer in Timed Continuous Petri Net Systems". *IEEE Transaction on Automation Science and Engineering. 2008.*

[Kim. J, Yoon. T, De Persis. C. 2004], " State Dependent Dwell Time Switching for Discrete Time Stable System". *IEICE TRANS Fundamentals Vol E87, Descember, 2004.*

[Kokotovic. P, Arcak. M. 2001], " Constructive Nonlinear Control: A Historical Perspective". *Automatica, 37(5):637-662. 2001*

[Koustoukous. X, Antsaklis. P. J, He. K. X, Lemmon. M. D. 98], "Programmable Timed Petri Nets in the Analysis and Design of Hybrid Control Systems". *Proceedings of the 37th IEEE Conference on Decision & Control Tampa, Florida USA December, 1998.*

[Koustoukous. X, Antsaklis. P. J. 2002], "Design of Stabilizing Switching Control Laws for Discrete and Continuous Time linear Systems Using Piecewise Linear Lyapunov Functions". *International Journal Control. Pp. 932-945. 2002.*

[Koutsoukos. X, Kurien. J, Zhao. F. 2003], "Estimation of Distributed Hybrid Systms Using Praticle Filtring Methods". *Hybrid Systems and Control (HScc 2003). Vol. 2623. Lecture Notes in Computer Science.pp. 298_313. Springer.*

[Koustoukous. X, Antsaklis. J. P. 2005], "Hierarchical Design of Piecewise Linear Hybrid Dynamical Systems Using a Control Regulator Approach". *Mathematical and Computer Modeling of Dynamical Systems. pp. 21-41. March, 2005.*

[Kurovsky. M. 2002], "Etude des Systèmes Dynamiques Hybrides par Représentation D'état Discrète et Automate Hybride".*Thèse de Doctorat en Automatique-Productique. Université Joseph Fourier - GRENOBLE 1. 2002.*

[Lebail. J, Alla. H, David. R. 92], "Asymptotic continuous Petri Nets : An affecient approximation of discrete event systems". *Proceeding of the IEEE conference robotics and automation, Nice, France May, 1992.*

[Lefebvre et al, 2004], "Commande des Flux dans Les Réseaux de PETRI Continus par Propagation du gradient". *Cifa. 2004*

[Lefebvre. D, Delherm.C, Leclercq. E, Druaux. F. 2007], "Some contributions with Petri nets for the modelling, analysis and control of HDS". *Nonlinear Analysis: Hybrid Systems 1 (2007) 451–465.*

[Lei. F, Lin. H, Antsaklis. P. J. 2004], "Stabilization and Performance Analysis for a Class of Switched Systems". *43rd IEEE Conference on Decision and Control December 14-17, 2004 Atlantis, Paradise Island, Bahamas. 2004.*

[Lennartson. B, Titus. M, Egardet. B, Pettersson. S. 96], "Hybrid system in Process control". *IEEE control system, October, 1996*

[Lesire. C, Tessier. C. 2005], "Réseaux de Petri particulaires pour l'estimation symbolico-numérique". *Journées Formalisation des Activités Concurrentes (FAC'05) , Toulouse, France. Mars, 2005.*

[Lesire. C, Tessier. C. 2006], " Estimation and conflict detection in human controlled systems". *9th Workshop on Hybrid Systems: Computation and Control (HSCC'06), Santa Barbara, CA, USA. Mars, 2006.*

[Lesire. C, Tessier. C. 2007], "Particle Petri net-based estimation in hybrid systems to detect inconsistencies". *1st IFAC Workshop on Dependable Control of Discrete Systems (DCDS'07), Paris, France. Juin, 2007.*

[Liberzon. D, Morse. S. 99], "Basic Problems in Stability and Design of Switched Systems". *IEEE Control Systems Magazine. October, 1999.*

[Liberzon. D. 2003], " Switching in Systems and Control". *Systems & Control: Foundations & Applications. 2003.*

[Lin. L. 2007], "Stabilization of LTI Switched Systems with Input Time Delay". *Engineering Letters, 14:2, EL_14_2_14. 2007.*

[Luenberger. D, 1971], "An Introduction to Observers". *IEEE Transactio On Automatic Control. VOL. ac-16, NO. 6. DECEDER, 1971.*

[Lygeros. J, Tomlin. C, Sastry. S. 2002], "The Art of Hybrid Systems". *Compendium of Lecture Notes for The Hybrid Systems class. 2002.*

[Lygeros. J, Johansson. K, Simic. S, Zhang. J, Sastry. S. 2003], "Dynamical Properties of Hybrid Automata". *IEEE Transaction On Automatic control. Vol. 48. N°. 1. January, 2003.*

[Lygeros. J, Koutroumpas. K, Dimpoulos. S, Legouras. I, Kouretas. P. 2008], "Stochastic Hybrid Modeling of DNA Replication Across a Complete Genome". *PNAS. Vol. 105. N°. 34. Pp. 12295-12300. 2008.*

[Lynch.N, Segala. R, Vaandrager. F. 96], '' Hybrid I/O Automata''. *In R. Alur, T. A. Henzinger, and E. D. Sontag*, editors, *Hybrid Systems III, Verification and Control*. Vol. 1066 of *Lecture Notes in Computer Science. pp 496–510. Springer, 1996*.

[Mahulea. C, Cabasino. M. Giua. A, Seatzu. C. 2007], '' A State Estimation Problem for Timed Continuous Petri Nets''. *CDC. 2007.*

[Mignon. D, Ferari-Trecate. G, Morari. M. 2000], '' Stability and Stabilization of Piecewise Affine and Hybrid Systems: An LMI Approach''. *CDC. 2000.*

[Montagne. V. F, Leit. V. J. S, Oliveira. R. C. L.F, Peres. P. L. D, 2006], ''State feedback control of switched linear systems: An LMI approach''. *Journal of Computational and Applied Mathematical. pp. 192-206. 2006.*

[Morse. S. 96], ''Supervisory control of families of linear set-point controllers, part 1: Exact matching''. *IEEE transactions on Automatic Control. vol 41. 1996.*

[Morse. S. 97], ''Supervisory Control of Families of Linear Set-Point Controllers, Part 2: Robustness''. *IEEE Transactions On Automatic Control, vol. 42, No. 11, Novembe,r 1997.*

[Mosterman, 97], ''Hybrid Dynamic Systems: A Hybrid Bond Graph Modeling Paradigm And its Application In Diagnosis''. *PhD thesis. Nashville, Tennessee. 1997.*

[Mosterman. P, Biswas. G. 2000], '' A comprehensive methodology for building hybrid models of physical systems''. *Artificial Intelligence 00 (2000) 1–39. 2000.*

[Mosterman. P, Biswas. G. 2002], '' A Hybrid Modeling and Simulation Methodology for Dynamic Physical Systems''. *Simulation vol. 78, N°. 1. 2002.*

[Murata. T. 89], '' Petri Nets: Properties, Analysis and Application''. *Proceedings of the IEEE. vol. 77. N°. 4, April, 1989.*

[Paruchuri. V ,Davari. A, Feliachi.A. 2005], ''Hybrid Modeling of Power System using Hybrid Petri nets''. *Proceeding of the 37th Southeastern Sympsiun on System Theory. pp. 221-224. 2005*

[Pavlov. V, Pogromsky. A, Wouw. N, Nijmeijer. H. 2007], ''On convergence properties of piecewise affine systems''. *International Journal of Control. vol. 8. N°. 8. August, 2007.*

[Peleties, 91], '' Stability of Switched and Hybrid Systems''. *American control conference. 1991.*

[Pettersson. S, Lennartson. B. 95], Hybrid Modelling focused on hybrid Petri Nets''. *2nd European Workshop on Real-time and Hybrid Systems. Grenoble, France. June,1995*

[Petersson. S, Lennartson. B. 96], ''Modelling, analysis and synthesis of hybrid systems''. *Preprints of Reglernote. Lulua Sweden. Jun, 1996.*

[Pettersson. S, Lennartson. B. 2001], Stabilization of Hybrid Systems using a Min-Projection Strategy''. *American Control Conference. 2001.*

[Petterson. S. 2005], '' Observer design for switched systems using multiple quadratic Lyapunov functions''. *13th Mediterranean conference on control and automation. Limas sol, Cyprus. June, 2005.*

[Pettersson. S. 2006], ''Designing switched observers for switched systems using multiple Lyapunov functions and dwell-time switching''. *2nd IFAC Conference on Analysis and Design of Hybrid Systems. Alghero, Italy. 2006.*

[Pina.L, Botto. M. A. 2006], ''Simultaneous state and input estimation of hybrid systems with unknown inputs''. *Automatica 42 (2006) 755 – 762. 2006.*

[Ramadge, Wonham. 87], ''Supervisory Control of Class of Discrete Event Processes''. *Siam Journal of Control and Optimization. vol. 25. N°. 1. pp. 1202-1218. 1987.*

[Ramadge, Wonham. 89], ''The control of discrete event systems''. *Proceedings of the IEEE, 77(1):81–89. January, 1989.*

[Ramirez. T, Rangel. I, Mellado. L. 2000], ''Observer Design for Discrete Event Systems modeled by Interpreted Petri Nets''. *Proceedings of the 2000 IEEE International Conference on Robotics & Automation San Francisco. April, 2000.*

[Rodrigues. L, How. J. 2002], ''Observer-Based Control of Piecewise-Affine Systems''. in the *International Journal of Control. 2002.*

[Saadaoui H, Manamanni. N, Djemai. M, Floquet. T, Barbot. J. P. 2006a], "Exact Differentiation Via Sliding Mode Observer For Switched Systems". *Preprints Of The 2nd IFAC Conf. On Analysis And Design Of Hybrid Systems (Alghero, Italy), 7-9 June, 2006*

[Saadaoui. H, Manamanni. N, Djemai. M, Barbot. J. P, Floquet. T. 2006b], "Exact differentiation and sliding mode observers for switched Lagrangian systems". *Nonlinear Analysis 65 (2006) 1050–1069. 2006.*

[Saadaoui, 2007], "Contribution à la Synthèse d'Observateurs non Linéaire Pour des Classes de Systèmes Dynamiques Hybrides". *Thèse de Doctorat en Automatique. Université de Cergy Pontoise. 2007.*

[Salas. L, Begovich. O, Trevino. R. 2002], "State Estimation in DES modeled by a class of Interpreted Petri Nets". *Proceeding of the IEEE International Symposium On Inteligent Control. 2002.*

[Sella. L, Collin. P. 2007], "Stability Analysis of Switched-Linear Hybrid Systems". *Proceedings of the European Control Conference 2007 Kos, Greece, July 2-5, 2007*

[Selçuk. A. M, Octeme. H. 2009], " An improved method for inference of piecewise linear systems by detecting jumps using derivative estimation". *Nonlinear Analysis: Hybrid Systems. 2009.*

[Schild. A, Lunze. J. 2007], "Stabilization of Limit Cycles of Discretely Controlled Continuous Systems by Controlling Switching Surfaces". *A. Bemporad, A. Bicchi, and G. Buttazzo (Eds.): HSCC 2007, LNCS 4416, pp. 515–528, 2007. Springer-Verlag Berlin Heidelber. 2007*

[Silva. M, Recalde. L. 2004], "On fluidification of Petri Nets: from Discrete to Hybrid and Continuous Models". *Annual Reviews in Control 28 (2004) 253–266. 2004.*

[Sontag. E. D. 81], "Nonlinear Regulation: The Piecewise Linear Approach". *IEEE Transactions On Automatic Control. vol. AC-26. N°.2. April, 1981.*

[Sontag. E. D. 95], " An Abstract Approach to Dissipation". *Control On Decision Conference (CDC). 1995.*

[Stiver et al, 1992], "Modeling and analysis of Hybrid Control Systems". *CDC Arizona USA. 1992.*

[Sun. Z, G. S. S. 2005], "Analysis and synthesis of switched linear control systems". *Automatica 41 (2005) 181 – 195.*

[Tavernini. M, 87], "Differential automata and their discrete simulators". *Nonlinear Analysis Theory, Method and Applications, 11.6, pp 665-683. 1987*

[Titus. M, Egardt. B. 94], "Controllability and Control-Law Synthesis of Linear Hybrid Systems". *11th Int. Conf. on Analysis and Optimization of Systems, Sophia-Antipolis, France. 1994*

[Tittus. M. 95], "Control synthesis for batch process". *PhD thesis, Chalmers University of Technology. 1995*

[Tolba. C, Lefebvre. D, Thomas. P, Elmoudani. A. 2008]," Commande des Feux de Signalisation par Réseaux de Petri Hybrides". *Journal Européen Des systèmes Automatisés. 2008.*

[Valantin. R, 99], "Hybrid Systems Modelling: Mixed Petri nets". *Proceedings of the 3rd IMACS/IEEE Conference CSCC'99, pp.223-228, Athens, 4-8 july 1999, session invitée*

[Van der schaft. A, Schumacher. J. M. 97], "Complementary modeling of hybrid systems". *Proceeding IEEE Transaction on Automatic Control, Special Issue on Hybrid System. 1997*

[Vidal. R, Chiuso. A, Soatto. S, Sastry. S. 2003], "Observability of linear hybrid systems". In *Hybrid Systems: Computation and Control 2003, Pnueli A, Maler O (eds). Lecture Notes in Computer Science, vol. 2623. Springer: Berlin, 2003; 526–539. 2003*

[Villani E, Pascal. J. C, Miyagi. P, Valette. R. 2005], "A Petri Net-Based Object-Oriented Approach for the Modelling of Hybrid Productive Systems". *Nonlinear Analysis 62 (2005) 1394 – 1418*

[Villani. E, Miyagi. P, Valette. R. 2007], " Modelling and Analysis of Hybrid Supervisory Systems: A Petri Net Approach". *Advances in Industrial Control series ISSN 1430-9491 ISBN*

978-1-84628-650-6 e-ISBN 978-1-84628-651-3 Printed on acid-free paper © Springer-Verlag London Limited. 2007

[Willems. J. 72a], "Dissipativ Dynamical Systems, Part I: General Theory". *Offprint from 'Archive for Rational Mechanics and analysis'. 1972.*

[Willems. J. 72b], "Dissipativ Dynamical Systems, Part II: Linear Systems with Quadratic Supply rate". *Offprint from 'Archive for Rational Mechanics and analysis'. 1972.*

[Willems. J, Tabaka. K. 2007], " Dissipativity and stability of interconnections". *International Journal Of Robust And Nonlinear Control Int. J. Robust Nonlinear Control 2007; 17:563–586 Published online 16 November 2006 in Wiley InterScience (www.interscience.wiley.com). DOI: 10.1002/rnc.1121. 2007.*

[Wirth. F. 2005], " A Converse Lyapunov Theorem for Switched Linear Systems with Dwell Times". *Proceedings of the 44th IEEE Conference on Decision and Control, and the European Control Conference 2005 Seville, Spain, December 12-15, 2005*

[Wu. Y, Wu. W, Zeng. J, Sun. G, Su. H, Chu. J. 2002a], "Modeling And Simulation of Hybrid Dynamical Systems With Generalized Differential Petri Nets". *Proceeding of the IEEE International Symposium on Intelligent Control. 2002.*

[Wu. Y, Zeng. J, Sun. G. 2002b], "Distributed Simulation Algorithms of Generalized Differential Petri Nets". *Proceedinf of the first International Conference on Machine Learning and Cybernetic. 2002.*

[Xie.G, Wang. L. 2005], "Controllability Implies Stabilizability for Discrete-Time Switched Linear Systems". *M. Morari and L. Thiele (Eds.): HSCC 2005, LNCS 3414, pp. 667–682. 2005.*

[Xie. D, Wu. Y, Chen. X. 2009], "Stabilization of Discrete-Time Switched Systems with Input Time Delay and Its Applications". *In Networked Control Systems, Circuits Syst Signal Process (2009) 28: 595–607 DOI 10.1007/s00034-009-9105-8.*

[Z. G. L, Wen. Y, Soh. Y. 2003], " Observer-based stabilization of switching linear systems". *Automatica 39 (2003) pp. 517–524.*

[Z. J, Wang. L, Xie. G, Hao. F. 2004], 'Dynamic output feedback stabilization of class of switched systems". *IEEE Transaction on Circuit and Systems. vol. 50, N°.8. pp. 1111-1115. 2003.*

[Zhai G, Hu. B, Yasuda. K, Michel. A. 2000a], Stability Analysis of Switched Systems with Stable and Unstable Subsystems: An Average Dwell Time Approach". *Proceedings of the 2000 American Control Conference, pp.200-204 (2000).*

[Zhai. G, Hu. B, Yasuda. K, Michel. A. 2000b], "Piecewise Lyapunov Functions for Switched Systems with Average Dwell Time". *Proceedings of the 2000 Asian Control Conference, pp.229-233. 2000.*

[Zaytoon. J. 2001], "Systèmes Dynamiques Hybrides". *Collection Hermès. Paris. 2001.*

[Zhao. J, Hill. D. 2008], "Passivity and stability of switched systems: A multiple storage function method". *Systems & Control Letters 57 (2008) 158 – 164*

[Zefran. M, Bullo. F. Stein. M. 2001a], "A notion of passivity for hybrid systems", *CDC. 2001.*

[Zefran. M. 2001b], " Passivity of hybrid systems based on multiple storage". *Allerton Conference, Monticello, IL. 2001.*

[Zhou. M. C, Hruz. B. 2007], "Modeling and control of discrete event dynamic systems: with Petri nets and other tools". *Book springer edition. 2007.*

# *Annexe*

---

## 1. Fonction de Lyapunov

### 1.1. Fonction de Lyapunov quadratique commune

En effet, l'analyse de stabilité des SDH c'est basé en premier lieu sur l'étude de l'existence de la fonction de Lyapunov commune stabilisant le système SDH global.

Ainsi, le système (1.2) de la section 1.2.3 du chapitre 1 (spécifiquement pour $u \equiv 0$) est dit asymptotiquement stable pour s'il existe une fonction de Lyapunov quadratique commune donné par :

$$V\left(x(t)\right) = \left(x(t)\right)^{T} Px(t) \tag{1}$$

avec $P$ matrice définie positive et symétrique.

L'existence de (1) obéit à la validité de la condition suivante :

$$\dot{V}\left(x(t)\right) < 0 \tag{2}$$

Cependant, l'existence d'une fonction de Lyapunov commune est une condition suffisante est non pas nécessaire, ce qui rend son existence un peu difficile. A partir de là, Branicky à soulever le problème du conservatisme issu de la recherche d'une fonction commune de Lyapunov pour tout le système. En effet, dans [Dayawansa, 99] les auteurs ont montré analytiquement que nous pouvons avoir des systèmes SDH qui n'admettent pas une fonction de Lyapunov commune, malgré qu'ils soient stables.

### 1.2. Fonction de Lyapunov quadratique multiple

Afin de réduire le conservatisme issu de l'approche basée sur de la fonction de Lyapunov quadratique commune, la notion de la fonction de Lyapunov quadratique multiple a été introduite [Branicky, 98] [Decarlo, 2000]. En effet, l'existence d'une fonction de Lyapunov quadratique multiple est une condition nécessaire et suffisante. Le principe consiste à associer une fonction de Lyapunov à chaque sous système de la forme :

$$V_q\left(x(t)\right) = \left(x(t)\right)^T P_q x(t) \tag{3}$$

De ce fait, les théories élaborées dans ce contexte sont basés sur la décroissance de la fonction de Lyapunov aux instants successifs de commutation [Petersson, 96] (Figure.1).

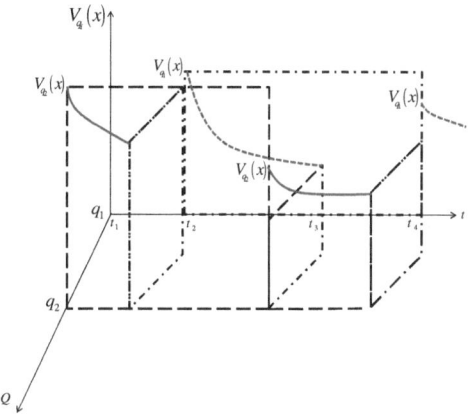

**Figure.1. Principe des fonctions multiples de Lyapunov**

Cependant, Les résultats présentés s'appliquent difficilement dans le cas des commutations arbitraires, fait qu'ils nécessitent d'avoir une connaissance préalable de la trajectoire du système aux instants de commutation.

### *1.3. Fonction de Lyapunov continue par morceau ("Piecewise")*

Les résultats qui découlent de l'utilisation des fonctions quadratiques multiples sont souvent pessimistes. Ainsi, la recherche d'autre méthodes est stratégies pour l'analyse de stabilité des SDH ont mené aux développements d'une nouvelles approche connu sous le nom de fonction de Lyapunov "Piecewise" [Johansson, 98] [Ferrari, 2002] [Rodrigues, 2002]. Cette approche permet de réduire les problèmes issus de la méthode quadratique en tenant compte de la partition de l'espace d'état induite par les conditions de transitions. Des conditions de stabilité ont été établies et s'avèrent plus flexibles du fait que la fonction de Lyapunov doit être décroissant seulement quand le vecteur champ est actif. Ainsi, l'analyse de stabilité est basée sur la construction de fonction de Lyapunov de la forme :

$$V(x,t) = \begin{cases} x^T(t) P_i x(t) & x \in R_i, i \in I_0 \\ \overline{x}^T(t) \overline{P_i} \overline{x}(t) & \overline{x} \in R_i, i \in I_1 \end{cases} \tag{4}$$

avec

$I_0$ l'ensemble des indices des partitions de l'espace d'état $R_i \subset \Re$ qui contiennent l'origine.

$I_1$ l'ensemble des indices des partitions de l'espace d'état $R_i$ qui ne contiennent pas l'origine.

### 1.3.1.1.    *Dissipativité et passivité*

Une approche alternative se base sur la théorie de dissipativité du fait qu'elle implique la stabilité des systèmes dynamiques. En effet, la dissipativité est étroitement liée à la notion de l'énergie. Elle est caractérisée par une énergie fournie et une autre emmagasinée.

Ainsi, pour le système dynamique classique décrit par l'équation (1.2) de la section 1.2.3 du chapitre 1 1, il existe une fonction $s \in \Re$ pour laquelle l'intégral (5) existe et est bornée.

$$\int_{t_0}^{t_1} |s(u(t), y(t))| dt < \infty \tag{5}$$

La fonction $s$ est vue comme une énergie fournie au système. A partir de ce contexte, $s(u(t), y(t))$ représente le taux d'énergie fournie ou bien plus spécifiquement défini le taux d'approvisionnement en énergie dans le système.

De ce fait, le système dynamique continu avec le taux d'approvisionnement $S$ est dit dissipatif s'il existe une fonction $V \in \Re$ telle que [Willems, 72a et 72b] :

$$V\left(x\left(t_0\right)\right)+\int_{t_0}^{t_1} S\left(u\left(t\right),y\left(t\right)\right)dt \geq V\left(x\left(t_1\right)\right) \tag{6}$$

La fonction $V$ représente l'énergie de stockage dans le système. De là, l'inégalité (6) formalise le principe d'un système dissipatif. Ce dernier est caractérisé par la propriété que le changement de la quantité d'énergie interne $V\left(x\left(t_1\right)\right)-V\left(x\left(t_0\right)\right)$ sur l'intervalle $\left[t_0,t_1\right]$ n'excède pas la quantité d'énergie qui est fournie au système. Donc, une partie de ce qui est fournie est stocké, alors que le reste est absorbé.

L'inégalité de dissipativité (6) peut s'écrire sous la forme (7)

$$V\left(x\left(t_1\right)\right)-V\left(x\left(t_0\right)\right) \leq \int_{t_0}^{t_1} S\left(u\left(t\right),y\left(t\right)\right)dt \tag{7}$$

Ce qui donne l'expression (8)

$$\frac{d}{dt}V\left(x\left(t\right)\right) \leq S\left(u\left(t\right),y\left(t\right)\right) \tag{8}$$

Ainsi, la fonction de stockage n'est que la fonction de Lyapunov. En particulier, si $S\left(u\left(t\right),y\left(t\right)\right)=0$, nous aboutissons aux conditions de stabilités de Lyapunov. Par conséquent, nous pouvons dire que lorsque $S=0$, le système dynamique est autonome c'est-à-dire l'entrée $u=0$. L'étude de la stabilité obéit à la condition de stabilité :

$$\frac{d}{dt}V\left(x\left(t\right)\right) \leq 0 \tag{9}$$

Dans le cas contraire, comme il a été mentionné dans [Willems, 72a] et selon (8), il s'agit d'un système ouvert qui correspond à la généralisation de la stabilité de Lyapunov.

Pour plus de détail sur les notions et le concept de base, nous invitons le lecteur de se référer aux [Willems, 72a et 72b] [Sontag, 95] [Ebenbauer, 2005].

Nous trouvons, dans [Willems, 2007], que, dans le cas des systèmes dynamique linéaires, l'inégalité de dissipativité est bornée par un taux d'approvisionnement quadratique de la forme :

$$S\big(u(t), y(t)\big) = (u, y)^T Q(u, y) \qquad\qquad (10)$$

avec $Q$ une matrice symétrique définie positif.

Ainsi, la fonction de stockage (énergie emmagasiné) a été formulée sous forme d'inégalités linéaires matricielles (LMI).

D'autres chercheurs se sont intéressés à l'étude de la stabilité des systèmes via la notion de passivité [Arcak, 2008]. En effet, selon [Kokotovic, 2001], la passivité est un cas particulier de la dissipativité, du fait que la fonction d'approvisionnement est décrite par la forme :

$$S\big(u(t), y(t)\big) = u^T(t) y(t) \qquad\qquad (11)$$

Dans ce contexte, pour le cas des systèmes hybrides plusieurs concepts ont été élaborés dans plusieurs travaux. Nous trouvons une introduction sur la théorie de dissipativité et de la stabilité dans [Haddad, 2001] [Haddad, 2006] pour la classe des systèmes impulsifs. Dans [Cuzzola, 2001] le problème de l'analyse et de la synthèse de $H_\infty$ a été établi à partir du principe de dissipativité pour les systèmes Piecewise affines à temps discret. Pour la même classe de SDH, la fonction de ''Storage Piecewise'' a été formulée sous forme de LMI dans [Bemporad, 2008].

De même, les études portées sur la stabilité dans le sens de la passivité des SDH ont suscité la même importance que la dissipativité, ainsi le principe de passivité a été discuté dans [Zefran, 2001a] et la notion de la fonction de stockage multiple a été introduite dans [Zefran, 2001b] [Zhao, 2008].

**More**Books!
publishing

Oui, je veux morebooks!

# i want morebooks!

Buy your books fast and straightforward online - at one of world's fastest growing online book stores! Environmentally sound due to Print-on-Demand technologies.

## Buy your books online at

# www.get-morebooks.com

Achetez vos livres en ligne, vite et bien, sur l'une des librairies en ligne les plus performantes au monde!
En protégeant nos ressources et notre environnement grâce à l'impression à la demande.

## La librairie en ligne pour acheter plus vite

# www.morebooks.fr

VDM Verlagsservicegesellschaft mbH
Heinrich-Böcking-Str. 6-8       Telefon: +49 681 3720 174       info@vdm-vsg.de
D - 66121 Saarbrücken           Telefax: +49 681 3720 1749      www.vdm-vsg.de

Zeitfracht Medien GmbH
Ferdinand-Jühlke-Straße 7
99095 Erfurt, Deutschland
produktsicherheit@kolibri360.de

Druck:
CPI Druckdienstleistungen GmbH
im Auftrag der
Zeitfracht Medien GmbH
Ein Unternehmen der Zeitfracht - Gruppe
Ferdinand-Jühlke-Str. 7
99095 Erfurt